"创新设计思维"
数字媒体与艺术设计类新形态丛书

全|彩|微|课|版

MG
动画设计案例教程

互联网＋数字艺术教育研究院 策划

刘智杨 编著

U0287829

人民邮电出版社
北 京

图书在版编目（CIP）数据

MG动画设计案例教程：全彩微课版 / 刘智杨编著
. -- 北京：人民邮电出版社，2022.12
（"创新设计思维"数字媒体与艺术设计类新形态丛书）
ISBN 978-7-115-59408-2

Ⅰ．①M… Ⅱ．①刘… Ⅲ．①动画制作软件—案例—
教材 Ⅳ．①TP391.414

中国版本图书馆CIP数据核字(2022)第097819号

内 容 提 要

  本书主要讲解 MG 动画的设计与制作方法，配备足量的案例，可以满足教师机房实操授课的教学需求。本书共 7 章。第 1 章讲解 MG 动画的基础知识，第 2 章讲解 MG 动画的素材绘制方法，第 3 章和第 4 章分别讲解简单的和复杂的 MG 动画的制作方法，第 5 章讲解制作 MG 动画常用的脚本和插件，第 6 章讲解 MG 动画的后期制作，第 7 章讲解多个综合案例，以呈现完整的工作流程，帮助读者全面了解 MG 动画制作过程。

  本书通过解析典型案例的设计思路，详细介绍相关软件的实际操作方法，从而达到培养读者的设计思维、提高读者的实际操作能力的目的。本书还附有微课视频，读者可扫描二维码观看相关案例和习题的操作视频，从而提高实操能力。

  本书可作为各类院校影视动画、数字媒体等相关专业的教材，也可作为 MG 动画从业人员的参考用书。

◆ 编　　著　刘智杨
　　责任编辑　韦雅雪
　　责任印制　王　郁　陈　犇
◆ 人民邮电出版社出版发行　　北京市丰台区成寿寺路 11 号
　　邮编　100164　电子邮件　315@ptpress.com.cn
　　网址　https://www.ptpress.com.cn
　　廊坊市印艺阁数字科技有限公司印刷
◆ 开本：787×1092　1/16
　　印张：14　　　　　　　　　2022 年 12 月第 1 版
　　字数：419 千字　　　　　　2025 年 1 月河北第 4 次印刷

定价：79.80 元

读者服务热线：(010)81055256　印装质量热线：(010)81055316
反盗版热线：(010)81055315
广告经营许可证：京东市监广登字 20170147 号

前 言

动态图形(Motion Graphics, MG)指的是"随时间流逝而改变形态的图形",简单地说,动态图形可以解释为会动的图形,它是影像艺术的一种。随着计算机技术的进步和软件的发展,越来越多的独立设计师选择用MG动画来表达自己的设计理念。

很多院校都开设了与MG动画相关的课程。党的二十大报告中提到:"教育、科技、人才是全面建设社会主义现代化国家的基础性、战略性支撑。"为了帮助各类院校快速培养优秀的艺术设计人才,本书以制作MG动画的完整流程为主线,基于After Effects、Photoshop、Illustrator这3款软件,分析并归纳MG动画的运动规律和制作技巧,通过案例详细讲解MG动画的制作方法和设计思路,培养读者的创造性思维,使其能够独立完成优秀的MG动画作品。

本书在讲解过程中尽量避免使用深奥的术语,采用原理分析配合实践操作的讲解方式,并提供所有教学案例的素材文件和微课视频等资源,以最大限度地方便读者学习。

编写理念

本书体现了"基础知识+案例实操+强化练习"三位一体的编写理念,理实结合,学练并重,帮助读者全方位掌握MG动画设计的方法和技巧。

基础知识:讲解重要和常用的知识点,分析归纳MG动画的运动规律和制作技巧。

案例实操:结合行业热点,精选典型的商业案例,讲解MG动画的设计思路和制作方法;通过综合案例,全面提升读者的实际应用能力。

强化练习:精心设计有针对性的课后练习,拓展读者的应用能力。

本书特色

本书结合读者的学习规律,精讲基础知识,优选典型案例,并专门设计了"案例""课堂案例""课后练习"等模块,强化读者的创意设计能力。

● 基础知识精讲,快速上手MG动画

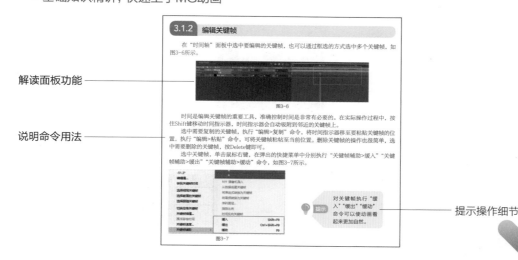

解读面板功能

说明命令用法

提示操作细节

● 案例实操演练，提升学习效果

配套案例素材 —————

解读操作步骤

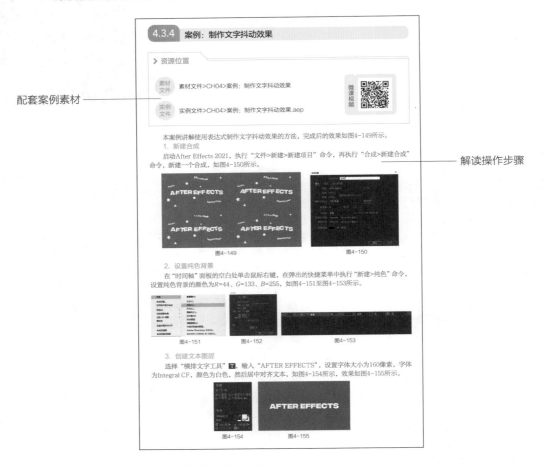

● 课堂案例边做边学，培养创意设计思维

分析综合案例 ———

详述实操步骤

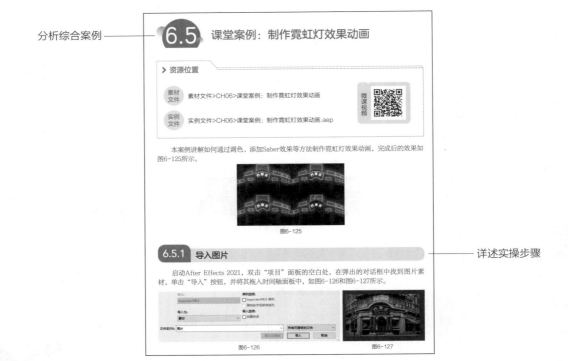

● 课后练习强化，提高综合应用能力

设置课后练习 ————

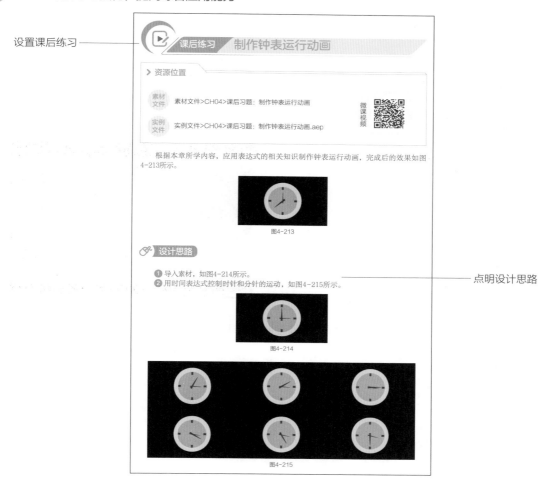

点明设计思路

教学建议

本书的参考学时为48学时，其中讲授环节为24学时，实训环节为24学时。各章的参考学时可参见下表。

章序	课程内容	学时分配	
		讲授	实训
第1章	MG动画基础	2	2
第2章	MG动画的素材绘制	3	3
第3章	简单的MG动画	4	4
第4章	复杂的MG动画	4	4
第5章	常用的脚本和插件	3	3
第6章	MG动画的后期制作	4	4
第7章	综合案例	4	4
学时总计		24	24

　　本书提供了丰富的配套资源，读者可登录人邮教育社区（www.ryjiaoyu.com），在本书页面中下载。

　　微课视频：本书所有案例配套微课视频，扫码即可观看。

　　素材和效果文件：本书提供了所有案例需要的素材和效果文件，素材和效果文件均以案例名称命名。

素材文件　　　　　　效果文件

　　教学辅助文件：本书提供PPT课件、大纲、教学教案、拓展案例库、拓展素材资源等。

PPT课件　　大纲　　教学教案　　拓展案例库　　拓展素材资源

编者

2023年10月

目 录

第 1 章
MG 动画基础

第 2 章
MG 动画的素材绘制

第 3 章
简单的 MG 动画

第 4 章
复杂的 MG 动画

第5章

常用的脚本和插件

第6章

MG 动画的后期制作

第7章.
综合案例

第 **1** 章

MG动画基础

我们在社交平台和多媒体平台上经常会看到这样一种动画，它们由简单的图形、丰富的色彩、有规律的变化组成，用生动的形象传达通俗易懂的信息，这就是MG动画。

1.1 初识MG动画

1.1.1 MG动画的起源和发展

MG是Motion Graphics的缩写，有时候也缩写成Mograph，表示"动态图形"。顾名思义，MG动画在本质上是"运动的图像"。MG动画和传统动画有很大的区别：传统动画的构成元素主要是角色和场景，它用画出来的角色和场景讲故事；MG动画的构成元素则是各种图像和文字，它的目的是呈现特殊的视觉效果，而不是讲故事，例如，很多广告和电视剧片头都属于MG动画。MG动画的诞生和发展与电影工业的发展联系甚密。早期的欧美电影往往会在片头插入一些小片段，以介绍电影名称、幕后团队和演员等。这些小片段在一开始都是静止的，为了加强表现力，电影制作者用实体拍摄的方式，让这些小片段"动起来"，由此诞生了最初的MG动画。最早的MG动画来自德国导演沃尔特·鲁特曼（见图1-1）在1921年拍摄的短片，据说该片是把油画颜料倒在玻璃上任其自然流淌拍摄出来的。法国现代主义艺术家马塞尔·杜尚（见图1-2）在1926年也拍过MG动画。

对MG动画影响最大的艺术家是美国平面设计师索尔·巴斯，如图1-3所示。在索尔·巴斯之前，MG动画往往是导演拍摄的试验性作品，在他的影响下，MG动画开始具备商业属性。索尔·巴斯设计了很多电影的片头MG动画，如《惊魂记》（1960年）、《金臂人》（1955年）等。

1960年，美国动画师约翰·惠特尼（John Whitney）（见图1-4）首次提出了"Motion Graphics"的概念，并创办了第一家专门制作MG动画的公司——Motion Graphics。

图1-1　　　　图1-2　　　　　　　　图1-3　　　　　　图1-4

此外，20世纪70年代的电子游戏、录像带及各种电子媒体的发展也是MG动画进一步发展壮大的重要驱动力。20世纪90年代之后，动态图形设计师吉利·库柏开创性地将MG动画应用于印刷设计中，打破了传统设计与全新数字技术的隔阂。然而，非常遗憾的是，尽管MG动画在那时已有了长足的发展，但由于设备和技术的限制，20世纪90年代初仍然只有极少部分设计师能够在专业的工作站上进行此项工作，这极大地限制了MG动画的进一步发展。不过，随着电子计算机技术（包括硬件与软件）的进步，尤其是20世纪90年代中期数码影像技术的革命性发展，制作MG动画的工作设备迅速从模拟工作站转向了数字计算机，这大大方便了独立MG动画设计师充分发挥自己的天赋，从而推进了这一领域的迅猛发展。

1.1.2 MG动画的概念

MG动画广泛应用于视频设计、CG设计、电视剧包装设计等。动态图形指的是"随时间流逝而改变形态的图形"，简单来说，动态图形就是会动的图形，是影像艺术的一种。从广义上来讲，MG动画是一种融合了电影与图形设计的语言，是基于时间流动而设计的视觉表现形式。动态图形是平面设计与动画结合的产物，是基于平面设计的视觉表现规则并使用动画制作技术手段制作出来的。传统的平面设计主要通过平面媒介表现静态的视觉效果；动态图形则是在平面设计的基础上，通过动态影像来呈现的视觉效果，如图1-5所示。动态图形和动画的不同之处在于前者是视觉设计的表现形式，而后者通过叙事的方式运用图像来为内容服务。

图1-5

1.2 MG动画的特点

随着设计软件和网络技术的快速发展，MG动画逐渐成为一种常见的艺术形式，在影视剧片头、MV（Music Video，音乐录影带）、企业宣传片、广告中都能发现它的身影，那么MG动画又有哪些特点呢？

1.2.1 形象生动、风格多变

使用MG动画可以展示现实生活中的场景。一般MG动画的制作过程都比较长，其中的图像和结构需要经过详细的设计，以展示作品中对象的本质。形象生动、风格多变是MG动画的核心，也是MG动画的主要特征。MG动画将文字、图片、声音等要素融合，适用于多载体、多方向的表达与传播，如图1-6所示。

图1-6

1.2.2 观赏性和趣味性强

在如今这个互联网时代，想要从繁杂的信息中脱颖而出，光有深刻的内涵远远不够，还要具备十足的创意，这样的作品才吸引人。MG动画具备较强的观赏性和趣味性，其表现形式生动新颖，极易引起观众的兴趣，从而让他们产生互动，如图1-7所示。

图1-7

比起实景拍摄，MG动画的制作不受环境等因素的影响，可控性强。MG动画经过专业的渲染后，能够呈现丰富、流畅的画面效果，既能保证观众有良好的观看感受，又能使观众对动画内容留下深刻的印象，如图1-8所示。

图1-8

1.3 MG动画的设计类型

MG动画已经非常常见，它能够恰当地展现宣传信息，同时吸引观众的注意。专业的动画制作公司能够提供多种不同类型的MG动画，以满足不同客户的需求。那么，MG动画有哪些类型呢？下面从动画类型和风格类型两方面进行介绍。

1.3.1 动画类型

1. App宣传

不少企业需要MG动画制作公司协助制作企业App的操作演示宣传片，以展现App的各项功能并让用户快速了解APP的操作方法。App宣传类型的MG动画不仅可以是解说型动画，还可以是搞笑趣味型动画等，如图1-9所示。

2. 产品构思

许多电商平台的商户都需要制作MG动画来宣传自己的产品，经过构思的产品动画能吸引更多消费者，并激发消费者的购买欲，从而促进产品的销售，如图1-10所示。

图1-9　　　　　　　　　　　　　　　　图1-10

3. 网站构思

为网站制作MG动画能增加网站的浏览量、增强网站的吸引力，例如，金融、教育等领域的网站都需要制作网站构思类型的MG动画，如图1-11所示。

4. 公益广告

许多公益宣传也都使用了MG动画，这样不但直白，而且能将各种烦琐的细节都表达到位，使观众容易接受并且能看懂。在制作公益广告时，一般会从故事角色的动画开始制作，使公益广告不再单调无聊，更具趣味性，如图1-12所示。

图1-11

图1-12

1.3.2　风格类型

1. MBE风格

2015年年底，国外的设计平台上涌现出大量具有断点描边、偏移填充的插画风格的作品，这种简单、轻松的风格被称为MBE风格，如图1-13所示。优酷、爱奇艺、腾讯、阿里、拇指玩等企业的一些App开屏画面就采用过MBE风格。

2. 线条风格

线条风格动画中最经典的就是2013年秋季苹果公司在iOS7发布会上展示的一个创意视频，如图1-14所示。该视频靠点、线、面元素来维系

图1-13

整个动画，在色彩上也只用了黑、白、灰3种色调，搭配轻柔的配乐将简约发挥到了极致，给人以震撼的视觉冲击力，起到了很好的宣传效果。

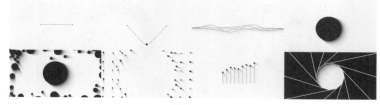

图1-14

这个创意视频一经发布，许多设计师争相模仿这种风格，因此出现了很多类似的视频，有的PPT设计师模仿这种极简风格来制作PPT，可以说该视频开创了极简这一新的动画风格，后来又有设计师在这种风格的基础上进行了更细致的创作开发。

3. 扁平化风格

扁平化风格是比较常见的一种MG动画风格，它去除了厚重、繁杂的装饰，具有画面简约、个性鲜明的特点。扁平化风格的应用范围很广，它用简单的线条、图形表现事物，在动画制作中发挥出了独特的优势，如图1-15所示。

图1-15

1.4 MG动画的色彩搭配

色彩在设计和日常生活中至关重要。色彩可以将人们的注意力吸引到图像上，从而引发人们的情绪，让设计师可以在不使用任何文字的情况下传达重要的信息。无论是平面设计师还是服装设计师，只要懂得色彩搭配，就都能够以全新的方式看待色彩，在设计作品时更加自信。

1.4.1 主色和辅色

图1-16

在色彩搭配中，最重要的两个概念就是主色和辅色。"主色"顾名思义就是最主要的色彩，也就是在画面中占用面积最大的色彩。"辅色"顾名思义就是辅助色，主要用于衬托主色，在画面中占用面积较小。在图1-16中，"黄色"为主色，其他颜色为辅色。

1.4.2 色环

色彩的排列组合产生了色环，色环是进行色彩搭配时最常使用的工具之一，了解色环是掌握色彩搭配的基础。要了解色环，需要知道色环是如何形成的。将色彩三原色红色、黄色、蓝色按不同比例混合，可以得到多种色彩，将这些色彩按一定规律排列就可以得到色环，如图1-17所示。

图1-17

1.4.3 色相、饱和度和明度

色相、饱和度和明度是日常生活中不常见的术语，但它们是理解色彩的关键。"色相"也叫作色调，它是最简单的，基本上就是我们所说的"颜色"，如红色、黄色、蓝色、绿色、橙色、紫色等；"饱和度"是指色彩的强度，或者说纯度，换句话说，色彩是显得"灰"还是显得"鲜艳"就是由饱和度控制的；"明度"与色彩的亮暗相关，明度越高，色彩越亮，明度越低，色彩越暗，如图1-18所示。

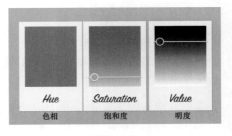

图1-18

1.4.4 配色原理

了解色彩的一些基本知识后，我们就可以搭配出好看的色彩了吗？答案是不确定的，因为我们不知道如何使用这些色彩。所以我们还需要掌握一些色彩搭配方法和公式，而且需要用到上面所讲的色环。遵循配色原理，就可以得到丰富而协调的色彩搭配方案。

1. 单色搭配

最简单的色彩搭配方法就是单色搭配，因为它只使用一个色相。我们只需要在色环上选择一种色彩，然后通过改变其饱和度和明度来得到其他色彩，如图1-19所示。单色搭配方案的好处是能够保证色彩的统一性。

2. 相似色搭配

相似色搭配就是使用色环中相邻的色彩进行搭配，例如，"红色配橙色""蓝色配绿色"等，如图1-20所示。

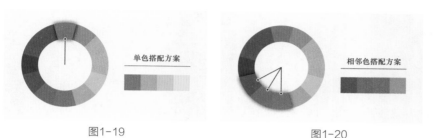

图1-19　　　　　　　　　　　　　图1-20

3. 互补色搭配

互补色搭配就是选择色环上相对的色彩进行搭配，例如，"蓝色配橙色""红色配绿色"等，如图1-21所示。

互补色之间具有较强的对比度，为了避免互补色搭配方案过于刺眼，可以采用不同的明度或者不同的饱和度来削弱对比，如图1-22所示。

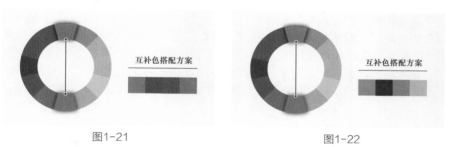

图1-21　　　　　　　　　　　　　图1-22

4. 分裂互补色搭配

分裂互补色搭配方案和互补色搭配方案相似，但它使用的是某色彩与其互补色两侧的色彩。采用分裂互补色除了能够增强对比外，还能带来一些有趣的效果，如图1-23所示。

5. 三元色搭配

三元色搭配就是采用3种均匀分布在色环上的色彩，使它们在色环上形成一个等边三角形，如图1-24所示。三元色搭配的效果非常好，特别是在主色或辅色的运用方面。

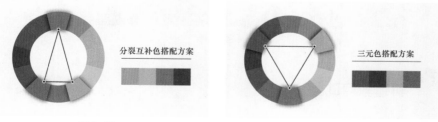

图1-23　　　　　　　　　　　　　图1-24

6. 四元色搭配

四元色搭配方案使用的色彩在色环上可以形成一个矩形，可以将其中一种色彩用作主色，将其余色彩用作辅色，如图1-25所示。

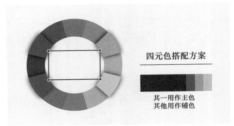

图1-25

1.5 MG动画的应用场景

MG动画融合了平面设计知识、动画设计知识和电影语言，它的表现形式丰富多样，具有极强的包容性，能和多种表现形式和艺术风格混搭。MG动画主要应用在节目包装、电影与电视剧片头、商业广告、MV、舞台屏幕、互动装置等方面。MG动画侧重于视觉表现，并不注重叙事性。随着各方面需求的增加和相关技术的发展，MG动画的应用范围也越来越广。

1.5.1 广告宣传片

要想展现产品的特点、介绍产品的功能，使用MG动画再合适不过了。用变换的图形搭配音乐，其呈现的效果可使观众更好地了解产品。药品、高科技产品等解说起来比较抽象，难以让观众理解，如果只有密密麻麻的文字或者枯燥的解说，那么观众肯定没有耐心看完所有产品介绍。与枯燥的文本和解说相比，MG动画具有生动的画面、丰富的色彩、动感十足的特效，再加上充满活力的解说，可有效吸引观众并使观众理解广告重点，它是广告宣传的一种创新形式。因此，许多广告都选择用这样的形式在电视或互联网上进行宣传，如图1-26所示。

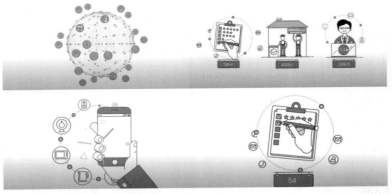

图1-26

1.5.2 科普教育动画

很多向学生介绍人体功能、病毒作用过程、历史事件等的教育类动画，会采用在MG动画中加入解说角色的方式进行讲解。生动的画面、丰富的色彩、动态的特效和生动的解说，可以很好地吸引学生的注意力，从而达到宣传、科普的目的。目前，用MG动画中的角色动画制作的科普教育动画题材广泛、形式新颖，科普效果很好，如图1-27所示。

1.5.3 综艺节目

动态的卡通画面能很好地拉近与观众的距离，从而增强综艺感，这也是为什么近年来大量的综艺节目都会在片头、片尾或转场时使用MG动画的原因，如图1-28所示。

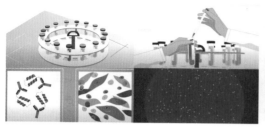
图1-27

图1-28

1.5.4 游戏开场动画

许多手游和端游的开场动画使用的都是MG动画，如图1-29所示。未来还会有更多的App或网页使用MG动画。

1.5.5 MV

越来越多的MV都开始选择用MG动画来表达意境，特别是电子类MV和风格比较炫酷的MV。一些电子类MV往往难以用实拍场景来表达合适的意境，而由点、线、面等元素组成的MG动画则很符合电子类MV的风格，如图1-30所示。

图1-29

图1-30

1.6 MG动画的制作流程

本节介绍MG动画的完整制作流程。MG动画的制作流程其实可以参考动画片的制作流程，只是其中的一些细节有区别。创作MG动画时，有些步骤是可以简化的，但是有一些步骤可能会花费更多的时间。那么，MG动画的制作流程是怎么样的呢？

1.6.1 策划剧本和文案

剧本和文案可以称为一个视频的"灵魂"，它们是MG动画制作的基础。一篇文案是否准确、简练、形象、有趣，很大程度上决定了美术师与动画师的发挥空间。好的文案可以弥补画面的不足，补充画面信息。在MG动画中，文案主要以两种形式存在：一种是画外音解说，需后期配音；另一种是纯字幕展示，后期不配音。这两种形式的文案与画面相互补充、配合，让MG动画能够以更加完整的姿态呈现在观众眼前，如图1-31和图1-32所示。

MG 动画简介

动画名称

《XXXXXXXXXXXXX》

创作思路

剧情设定

动画剧情以老张讲述的故事为主线，由他述说在 xxxxxxx（事件），在 xxxxxxxxx 过程中遇到的种种麻烦。

由此引出 xxxxxxx，接入 xxxxx 场景、xxxxxx 场景，在 xxxxxx 场景中介绍 xxxxxxx 产品，最后 xxxxxxxxx。

人物设定

人物	角色	年龄	性别	性格	备注

图1-31

脚本说明

(1) 脚本中详细地说明了画面构思和建议，文案主要分为旁白和画面文字，需要设计师仔细看一下。

(2) 配音桶那一栏，从上到下是可以贯通读的，也是整个动画的脉络。

(3) 画面设计方面，设计师可以在我的建议之上灵活处理，希望能够优化整个脚本的结构和节奏。

(4) 脚本中所有需要配音的旁白，以及需要出现在画面上的文字都已标出。

(5) 动画时间：110~140s。

分镜桶号	章节说明	画面描述	画面时间	配音桶	音效及文字
1					
2					
3					
4					
5					
6					
7					

图1-32

1.6.2 制作分镜头

在进行绘制工作前，需要设定好动画角色的造型、画面的色调及风格等。一般情况下，根据前期策划的文案和脚本，先把设定的角色统一绘制出来，然后确定色调等，以保证后期画面的统一。确定动画的整体风格后，就可以开始根据分镜头脚本大批量绘制原画分镜头了。在制作MG动画之前，在文案的基础上通过文字和绘图的方式对每一个镜头进行设计与加工，按顺序标注镜头，并在每个镜头下面写上对应的文案，这类脚本称为分镜头脚本。在这个过程中，画面的表现形式、角色的运动方式和场景的风格都能得以体现。在MG动画中，创作分镜头脚本可以提高整个动画的制作效率，让动画师能够通过分镜头脚本在最短的时间内完成需要的动画分镜头，如图1-33所示。

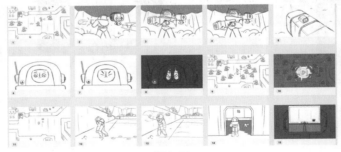

图1-33

1.6.3 绘制素材

动画风格、分镜头设计完毕，便可以开始绘制素材了。绘制素材包括绘制图形、人物和场景。图形是MG动画的重要组成元素，需根据文案中的实际需求和动画风格来设计。在有人物角色出现的MG动画中，需根据文案设计一组具有相同风格的人物。场景的绘制主要是指把在分镜头脚本创作过程中绘制的大概场景用软件刻画出来，同样需要以文案和整个MG动画的风格为基础。总之，在MG动画的制作过程中，好的绘画功底和配色可以极大提升MG动画的视觉效果，如图1-34所示。

图1-34

1.6.4　制作声音

在一部MG动画中，声音和画面是十分重要的两个部分。MG
动画制作公司一般会与专业的配音公司达成长期合作。在剧本定
稿或分镜头通过之后，会有配音专员为客户对接配音师。客户需
从各式各样的声音中选取几个符合动画调性的样音，客户确定样
音后，配音师才会开始录制成品，如图1-35所示。

图1-35

1.6.5　后期剪辑

在MG动画的制作过程中，后期剪辑的作用更多体现在检验动画与配音是否同步这一方
面。这就要求动画师每隔一段时间渲染并导出一次动画，并把导出的动画导入Premiere中，
检测其画面与声音是否同步，避免音画不同步需反复修改的情况。画面承载着较多的信息，
因此把握画面的节奏尤为重要。后期剪辑就是把握节奏的一个关键步骤，其主要方式是通过
Premiere等剪辑软件发现MG动画中存在的问题，以便及时反馈并解决问题，如图1-36所示。

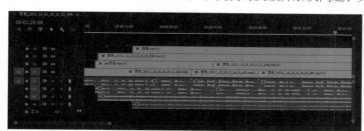
图1-36

1.6.6　合成动画

有了前期充足的准备后，就可以开始合成动画了。主要方法为：以前期设计好的分镜
头、声音、视觉素材等元素为基础，通过合成软件After Effects、剪辑软件Premiere（根据
实际情况选择软件）等把所有元素组合设计成一个MG动画，让静态画稿以动态的形式呈现出
来。图1-37所示为在软件中合成动画的界面。

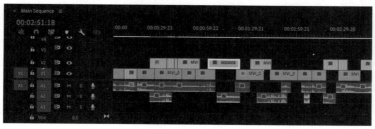
图1-37

第 2 章

MG动画的素材绘制

制作MG动画的软件很多，常用的有After Effects、Illustrator、Photoshop等，这些软件都具有功能强大、兼容性强、协作性强等特点。在绘制MG动画的场景或角色时，设计师要对制作软件有一定的了解，并能够正确地操作这些软件，这对提高MG动画的制作效率有很大的帮助。

2.1 用After Effects绘制素材

本节主要讲解After Effects自带的绘图工具和功能等，并用这些工具完成基础的图形绘制。

2.1.1 After Effects简介

After Effects是Adobe公司推出的一款图形视频处理软件，属于层类型后期软件，适合设计和制作视频特效的机构或组织等使用，包括电视台、动画制作公司、个人后期制作工作室及多媒体工作室。同时它也是目前最流行的影视后期合成软件之一。

After Effects可以帮助设计师高效且精确地创建多种引人注目的动态图形和制作震撼人心的视觉效果。利用After Effects可以与其他Adobe软件紧密集成的特点和高度灵活的2D和3D合成功能，及其数百种预设效果和动画，设计师能为电影、动画、DVD和Macromedia Flash作品添加令人耳目一新的效果。After Effects 2021的启动界面如图2-1所示。

图2-1

 提示　本书以After Effects 2021为例进行讲解。

2.1.2 After Effects的工作界面

After Effects 2021的工作界面包含菜单栏、工具栏和各种功能面板，如图2-2所示。

图2-2

功能介绍

- 菜单栏：包含After Effects的各项功能、可执行的命令等。
- 工具栏：包含用于制作动效合成或特效的工具。
- "项目"面板：用来新建合成和管理项目文件。
- "图层"面板：项目中的所有图层都罗列在此处，可以在这里对图层进行操作。
- "合成"面板：用来预览当前效果或最终效果。
- "时间轴"面板：用于制作后期特效和动画。

2.1.3 After Effects 的常用工具

- After Effects的常用工具有以下几种。
- 选取工具：用于对所选图层进行位移和旋转操作。
- 缩放工具：用于对视图中的画面进行放大和缩小操作。
- 旋转工具：用于对元素进行旋转操作，其效果受元素定点位置的影响。

- **锚点工具**：又称向后平移工具，用于更改元素中心点的位置。
- **形状工具**：包含"矩形工具""圆角矩形工具""椭圆工具""多边形工具""星形工具"等，用于绘制形状。
- **钢笔工具**：用于绘制图形和调节形状。
- **文字工具**：包含"横排文字工具"和"直排文字工具"，用于创建和修改文字。

2.1.4 案例：用After Effects绘制轮船

> **资源位置**

| 素材文件 | 素材文件>CH02>案例：用After Effects绘制轮船 |
| 实例文件 | 实例文件>CH02>案例：用After Effects绘制轮船.aep |

微课视频

本案例讲解用After Effects自带的绘图工具绘制图形的方法，完成后的效果如图2-3所示。

1. 绘制船身

（1）启动After Effects 2021，执行"合成>新建合成"命令，在弹出的"合成设置"对话框中设置"合成名称"为"轮船"，"预设"为"自定义"，大小为800px×600px，取消勾选"锁定长宽比为4：3（1.33）"复选框，设置"像素长宽比"为"方形像素"，"帧速率"为25帧/秒，"分辨率"为"完整"，"持续时间"为5秒，"背景颜色"为黑色，如图2-4所示，单击"确定"按钮。

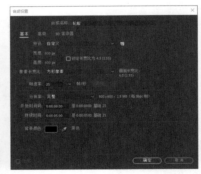

图2-3　　　　　　　　　　　　　　　图2-4

（2）在"图层"面板的空白处单击鼠标右键，在弹出的快捷菜单中执行"新建>形状图层"命令，如图2-5所示。

（3）选中新建的图层，单击鼠标右键，在弹出的快捷菜单中执行"重命名"命令，修改其名称为"船身"，如图2-6所示。

图2-5　　　　　　　　　　　　　　　图2-6

（4）选中"船身"图层，选择"钢笔工具"，设置填充颜色为*R*=11、*G*=28、*B*=83，如图2-7所示。关闭描边，然后绘制船身，如图2-8所示。

图2-7　　　　　　　　　　　　　　　　图2-8

（5）在"图层"面板中新建图层并选中，单击鼠标右键，在弹出的快捷菜单中执行"重命名"命令，修改其名称为"装饰"，如图2-9所示。

图2-9

（6）选中"装饰"图层，选择"钢笔工具"，设置填充颜色为*R*=46、*G*=71、*B*=152，如图2-10所示。然后在船身上绘制装饰线条，如图2-11所示。

图2-10　　　　　　　　　　　　　　图2-11

 在使用"钢笔工具"时，按住Shift键可以绘制直线。

（7）在"图层"面板中新建图层并选中，单击鼠标右键，在弹出的快捷菜单中执行"重命名"命令，修改其名称为"装饰02"。选择"钢笔工具"，设置颜色为*R*=78、*G*=102、*B*=180，绘制船舷，如图2-12所示。然后移动此图层到"船身"图层的下层，如图2-13所示。

图2-12　　　　　　　　　　　　　　　图2-13

2.绘制船舱

（1）在"图层"面板中新建图层并选中，单击鼠标右键，在弹出的快捷菜单中执行"重命名"命令，修改其名称为"船舱01"。选择"钢笔工具"，设置颜色为*R*=156、*G*=167、*B*=202，绘制船舱，如图2-14所示。然后移动此图层到"装饰02"图层的下层，如图2-15所示。

图2-14　　　　　　　　　　　　　　　图2-15

（2）在"图层"面板中新建图层并选中，单击鼠标右键，在弹出的快捷菜单中执行"重命名"命令，修改其名称为"船舱02"，选择"钢笔工具"，设置颜色为$R=67$、$G=73$、$B=93$，继续绘制船舱，如图2-16所示。然后移动此图层到"船舱01"图层的下层，如图2-17所示。

图2-16

图2-17

（3）在"图层"面板中新建图层并选中，单击鼠标右键，在弹出的快捷菜单中执行"重命名"命令，修改其名称为"船舱03"。选择"钢笔工具"，设置颜色为$R=219$、$G=219$、$B=222$，绘制船舱的受光面，如图2-18所示。然后移动此图层到"船舱02"图层的下层，如图2-19所示。

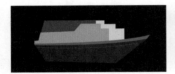

图2-18

图2-19

（4）在"图层"面板中新建图层并选中，单击鼠标右键，在弹出的快捷菜单中执行"重命名"命令，修改其名称为"烟囱暗面"。选择"钢笔工具"，设置颜色为$R=137$、$G=137$、$B=137$，绘制烟囱暗面，如图2-20所示。然后移动此图层到"船舱03"图层的下层，如图2-21所示。

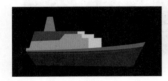

图2-20

图2-21

（5）在"图层"面板中新建图层并选中，单击鼠标右键，在弹出的快捷菜单中执行"重命名"命令，修改其名称为"烟囱亮面"。选择"钢笔工具"，设置颜色为$R=255$、$G=255$、$B=255$，绘制烟囱亮面，如图2-22所示。然后移动此图层到"烟囱暗面"图层的下层，如图2-23所示。

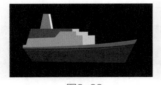

图2-22

图2-23

（6）在"图层"面板中新建图层并选中，单击鼠标右键，在弹出的快捷菜单中执行"重命名"命令，修改其名称为"大窗"。选择"圆角矩形工具"，设置颜色为$R=11$、$G=28$、$B=83$，绘制窗户。可以使用相同的方法多绘制几层窗户，如图2-24和图2-25所示。

图2-24

图2-25

3. 绘制整体装饰

（1）在"图层"面板中新建图层并选中，单击鼠标右键，在弹出的快捷菜单中执行"重命名"命令，修改其名称为"烟囱线"。选择"钢笔工具"，设置颜色为R=202、G=136、B=10，在烟囱上绘制两个细长的矩形，如图2-26所示。

（2）在"图层"面板中新建两个图层，将它们分别命名为"雷达""天线"，使用"椭圆工具"和"矩形工具"绘制雷达和天线，如图2-27所示。

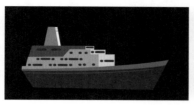
图2-26

图2-27

4. 绘制背景

轮船整体绘制完成后，还需要绘制天空和海面来加强画面的整体性。

（1）按Ctrl+N组合键创建一个新合成，在"合成设置"对话框中设置"合成名称"为"背景"，"预设"为"自定义"，大小为800px×600px，"像素长宽比"为"方形像素"，"帧速率"为25帧/秒，"分辨率"为"完整"，"持续时间"为5秒，"背景颜色"为黑色，如图2-28所示，单击"确定"按钮。

（2）在"图层"面板的空白处单击鼠标右键，在弹出的快捷菜单中执行"新建>纯色"命令，如图2-29所示。

图2-28

图2-29

（3）在"纯色设置"对话框中设置"名称"为"天空"，颜色为R=255、G=196、B=37，如图2-30所示。

（4）将"项目"面板中的"轮船"合成拖入图层面板中，并放置于"天空"图层的上层，效果如图2-31所示。

图2-30

图2-31

（5）在"图层"面板中新建图层并选中，单击鼠标右键，在弹出的快捷菜单中执行"重命名"命令，修改其名称为"大海"。选择"钢笔工具"，设置颜色为R=0、G=47、B=200，绘制大海，然后用稍浅的颜色绘制一些圆角矩形，以点缀海面，如图2-32所示。

（6）在"图层"面板中新建图层并选中，单击鼠标右键，在弹出的快捷菜单中执行"重命名"命令，修改其名称为"海浪"。选择"钢笔工具"，设置颜色为白色，绘制浪花，如图2-33所示。

图2-32

图2-33

（7）在"图层"面板中新建图层并选中，单击鼠标右键，在弹出的快捷菜单中执行"重命名"命令，修改其名称为"烟"。选择"圆角矩形工具"，设置颜色为R=167、G=167、B=167，绘制烟，如图2-34所示。

（8）完成上述操作后，执行"文件>保存"命令，保存文件，如图2-35所示。

图2-34

图2-35

2.2 用Photoshop绘制素材

Photoshop是一款强大的图像处理软件，也是制作MG动画必不可少的软件。使用Photoshop绘制出需要的图形，再将其导入After Effects中制作动画，可以提高设计师制作动画的效率。

2.2.1 Photoshop简介

Photoshop是Adobe公司开发的一款图像处理软件，是设计行业应用最广的基本工具之一。Photoshop主要处理由像素构成的数字图像。使用它提供的编辑功能与绘图工具，设计师可以有效进行图片编辑工作。Photoshop有很多功能，涉及图像、图形、文字、视频、出版等方面。Photoshop的启动界面如图2-36所示。

图2-36

 提示　本书以Photoshop 2021为例进行讲解。

2.2.2　Photoshop的工作界面

Photoshop 2021的工作界面包含菜单栏、工具栏、工作区和各种功能面板等，如图2-37所示。

图2-37

⚙ 功能介绍

- 菜单栏：包含Photoshop的各项功能、可执行的命令等。
- 工具栏：包含用于修改或编辑图片的工具，这些工具分为很多组，可以单击顶部的 【◀◀   】图标将其切换为双排或单排显示模式。
- "颜色"面板组：包含"颜色""色板""渐变""图案"面板。
- "属性"面板组：包含"属性""控制""库"面板。
- "图层"面板组：包含"图层""通道""路径"面板。"图层"面板是Photoshop界面的重要组成部分，在"图层"面板中可以设置图层的混合模式、通道等。
- 工作区：是绘制图形图像的区域。

2.2.3　Photoshop的常用工具

Photoshop的常用工具有以下几种。

- 移动工具：包含"移动工具"和"画板工具"，可以对所选内容进行位移操作，如图2-38所示。
- 选框工具：包含"矩形选框工具""椭圆选框工具""单行选框工具""单列选框工具"，可以对目标区域进行选取，如图2-39所示。
- 画笔工具：包含"画笔工具""铅笔工具""颜色替换工具""混合器画笔工具"，可以进行绘画操作，且画笔的大小、样式、形态均可调节，如图2-40所示。

图2-38

图2-39

图2-40

- 路径工具：包含"钢笔工具""自由钢笔工具""弯度钢笔工具""添加锚点工具""删除锚点工具""转换点工具"，可以绘制并编辑路径，如图2-41所示。路径工具属于矢量绘图工具，其优点是可以绘制平滑的曲线，且曲线在缩放或者变形之后仍能保持平滑效果。
- 文字工具：包含"横排文字工具""直排文字工具""直排文字蒙版工具""横排文字蒙版工具"，可以创建并编辑文字，如图2-42所示。

图2-41

图2-42

2.2.4 案例：用Photoshop绘制卡通火箭

本案例讲解使用Photoshop中的绘图工具绘制图形的方法，完成后的效果如图2-43所示。

1. 绘制箭身

（1）启动Photoshop 2021，执行"文件>新建"命令，打开"新建文档"对话框，选择"自定1920×1080像素@72ppi"预设，单击"创建"按钮，如图2-44所示。

（2）单击"图层"面板中的"创建新图层"按钮，创建空白图层，双击该图层可对其进行重命名操作，此处将其重命名为"箭身"，如图2-45所示。

图2-43

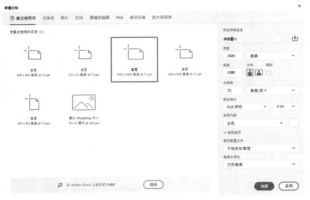

图2-44

图2-45

（3）执行"视图>标尺"命令，显示出标尺，如图2-46所示。

（4）选择"移动工具"，将鼠标指针移动到标尺上，按住鼠标左键不放，向画布中间拖曳，松开鼠标左键可新建一条参考线，此处新建纵横相交的两条参考线，如图2-47所示。

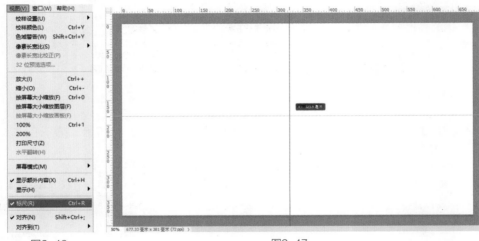

图2-46

图2-47

MG动画设计案例教程（全彩微课版）

（5）选择"钢笔工具"，设置颜色为R=163、G=207、B=244，绘制箭身，如图2-48所示。

（6）新建图层并命名为"装饰01"，执行"图层>创建剪贴蒙版"命令，选择"钢笔工具"，设置颜色为R=250、G=125、B=49，绘制箭身上方的装饰，如图2-49所示。

（7）设置颜色为R=241、G=164、B=74，绘制箭身下方的横条，如图2-50所示。

（8）设置颜色为R=226、G=240、B=251，绘制箭身下方的装饰，如图2-51所示。

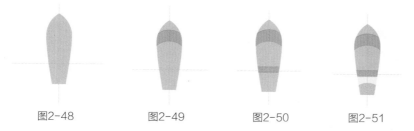

图2-48　　　　　图2-49　　　　　图2-50　　　　　图2-51

（9）设置颜色为R=250、G=125、B=49，绘制箭身下方装饰之间的小黑条，如图2-52所示。

（10）新建图层并命名为"装饰02"，选择"椭圆工具"，设置颜色为R=210、G=206、B=202，绘制箭身上的铆钉，如图2-53所示。

（11）复制"装饰02"图层，为其填充黑色，将填充图层移至"装饰02"图层的下层，再将其重命名为"铆钉阴影"，并稍微偏移，做出投影效果，如图2-54所示。

图2-52　　　　　图2-53　　　　　图2-54

（12）重复第（10）步和第（11）步，绘制多个铆钉并摆放在对应的位置，如图2-55所示。

（13）新建图层并命名为"观察舱"，使用"椭圆工具"绘制观察舱的窗户，如图2-56所示。

（14）新建图层并命名为"观察舱阴影"，使用"椭圆工具"绘制阴影，并将此图层移至"观察舱"图层的下层，如图2-57所示。

图2-55　　　　　图2-56　　　　　图2-57

（15）新建图层并命名为"观察舱02"，使用"椭圆工具"继续绘制观察舱的窗户，如图2-58所示。

（16）新建图层并命名为"阴影"，选择"钢笔工具"并执行"图层>创建剪贴蒙版"命令，继续绘制窗户的阴影，如图2-59所示。

（17）新建图层并命名为"高光"，选择"椭圆工具"，绘制一大一小两个白色高光点，如图2-60所示。

（18）复制大观察舱的所有图层并选中，单击鼠标右键，在弹出的快捷菜单中执行"合并图层"命令，按Ctrl+T组合键，将复制的大观察舱缩小为小观察舱，并移动到大观察舱的下方，最后将对应图层重命名为"小观察舱"，效果如图2-61所示。

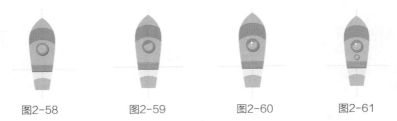

图2-58　　　　　　图2-59　　　　　　图2-60　　　　　　图2-61

2．绘制尾翼

（1）新建图层，选择"钢笔工具"，设置颜色为R=250、G=125、B=49，绘制火箭的左侧尾翼，然后将此图层放置在"箭身"图层的下层，如图2-62所示。

（2）新建图层，执行"图层>创建剪贴蒙版"命令，选择"钢笔工具"，设置颜色为R=255、G=155、B=95，绘制左侧尾翼的高光，如图2-63所示。

（3）新建图层，执行"图层>创建剪贴蒙版"命令，选择"钢笔工具"，设置颜色为R=169、G=84、B=33，绘制左侧尾翼的阴影，如图2-64所示。

图2-62　　　　　　　　图2-63　　　　　　　　图2-64

（4）选中左侧尾翼的所有图层，单击鼠标右键，在弹出的快捷菜单中执行"复制图层"命令；选中复制的所有图层，单击鼠标右键，在弹出的快捷菜单中执行"合并图层"命令；然后按Ctrl+T组合键，在图形上单击鼠标右键，在弹出的快捷菜单中执行"水平翻转"命令；将图形移动到箭身右侧，按Enter键退出自由变换模式，如图2-65所示。

（5）新建图层，选择"钢笔工具"，绘制火箭正面的尾翼，如图2-66所示。

（6）新建图层，选择"钢笔工具"，设置颜色为白色，绘制箭身整体的高光，然后将图层的"不透明度"设置为30%，完成卡通火箭的绘制，效果如图2-67所示。

图2-65　　　　　　　　图2-66　　　　　　　　图2-67

　用Illustrator绘制素材

Illustrator作为一款非常好用的矢量图形处理软件，主要应用于印刷出版、书籍排版、专业插画绘制、多媒体图像处理和网页制作等方面，也可以为线稿提供较高的精度和较准确的控制。不论是小型设计项目还是大型且复杂的项目，都能使用Illustrator进行处理。

　Illustrator简介

Illustrator是专业的图形处理软件，可以提供丰富的像素绘制功能和灵活的矢量图形编辑

MG动画设计案例教程（全彩微课版）

功能，并且能够快速完成设计工作。Illustrator 2021的启动界面如图2-68所示。

 提示 本书以Illustrator 2021为例进行讲解。

图2-68

2.3.2　Illustrator的工作界面

　　Illustrator 2021的工作界面包含菜单栏、工具栏、绘图区和功能面板等，如图2-69所示。

⚙ 功能介绍

- 菜单栏：包含Illustrator的各项功能、可执行的命令等。
- 工具栏：包含用于修改或编辑图形的工具。
- 绘图区：用于绘制或修改素材及图形等。
- "图层"面板：用于设置图层关系、图形属性等。

菜单栏

工具栏

绘图区

"图层"面板

图2-69

2.3.3　Illustrator的常用工具

　　Illustrator的常用工具有以下几种。

- 选择工具：包含"选择工具"和"直接选择工具"，可以对所选内容进行位移和编辑操作。
- 钢笔工具：可以绘制路径。
- 文字工具：可以进行文字的输入和调整操作。
- 填充和描边工具：可以选择填充和描边的颜色，以及是否填充或描边。
- 形状工具：包括"矩形工具""圆角矩形工具""椭圆工具"等，可以绘制与名称相符的形状，如图2-70所示。

| | 矩形工具　　　(M) |
| 圆角矩形工具 |
| 椭圆工具　　　(L) |
| 多边形工具 |
| 星形工具 |
| 光晕工具 |

图2-70

2.3.4　案例：用Illustrator绘制图形

> **资源位置**

| 素材文件 | 素材文件>CH02>案例：利用Illustrator绘制图形 |
| 实例文件 | 实例文件>CH02>案例：利用Illustrator绘制图形.ai |

微课视频

　　本案例讲解使用Illustrator中的绘图工具绘制图形的方法，完成后的效果如图2-71所示。

图2-71

1. 绘制背景

（1）启动Illustrator 2021，执行"文件>新建"命令，打开"新建文档"对话框，选择"HDV/HDTV 1080 1920×1080px"预设，将"光栅效果"设置为"屏幕（72ppi）"，单击"创建"按钮，如图2-72所示。

（2）选择"矩形工具"，设置颜色为$R=253$、$G=175$、$B=42$，绘制天空，如图2-73所示，并将对应图层重命名为"天空"。

（3）选择"矩形工具"，设置颜色为$R=248$、$G=73$、$B=47$，画出地面，如图2-74所示，并将对应图层重命名为"地面"。

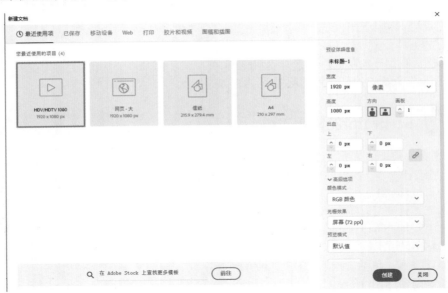

图2-72

图2-73　　　　　　图2-74

2. 绘制树

（1）选择"钢笔工具"，设置颜色为$R=242$、$G=107$、$B=29$，绘制图形，如图2-75所示。

（2）选择"钢笔工具"，设置颜色为$R=253$、$G=148$、$B=1$，绘制图形，如图2-76所示。

（3）选择"矩形工具"，设置颜色为$R=187$、$G=74$、$B=0$，绘制树干，如图2-77所示，至此完成树的绘制。

（4）复制两棵树，并分别调整它们的大小和位置，如图2-78所示。

图2-75　　　图2-76　　　图2-77　　　　图2-78

3．绘制云

（1）选择"椭圆工具"，设置颜色为白色，绘制3个椭圆形，如图2-79所示，并将对应图层重命名为"云"。

（2）选中3个椭圆形，执行"窗口>路径查找器"命令，在"路径查找器"面板中单击"联集"按钮，如图2-80所示，将3个椭圆形合并为一个图形。

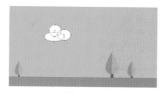 

图2-79　　　　　　　　　　图2-80

（3）选择"矩形工具"，在组合图形下方绘制一个矩形，选中矩形和组合图形，如图2-81所示。

（4）单击"路径查找器"面板中的"减去顶层"按钮，得到云朵的形状，如图2-82所示。

（5）复制"云"图层几次，分别设置云的大小，翻转部分云并将它们摆放到合适的位置，效果如图2-83所示。

图2-81　　　　　　　　图2-82　　　　　　　　图2-83

4．置入小车素材

执行"文件>置入"命令，置入本案例提供的"小车"素材，调整小车的大小，再将其摆放到合适的位置，完成本例的制作，最终效果如图2-84所示。

图2-84

 **课堂案例：绘制卡纸风格场景**

> **资源位置**

素材文件	素材文件>CH02>课堂案例：绘制卡纸风格场景
实例文件	实例文件>CH02>课堂案例：绘制卡纸风格场景.ai

 微课视频

本案例讲解使用Illustrator中的绘图工具绘制图形的方法，完成后的效果如图2-85所示。

（1）启动Illustrator 2021，执行"文件>新建"命令，打开"新建文档"对话框，选择"HDV/HDTV 1080 1920×1080px"预设，将"光栅效果"设置为"屏幕（72ppi）"，单击"创建"按钮，如图2-86所示。

（2）为了方便填充和搭配颜色，可以在画布上方创建参考色块并注明色号，如图2-87所示。

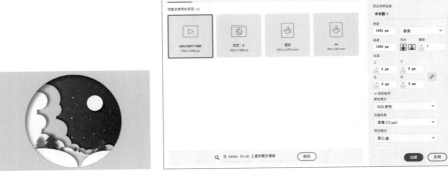

图2-85　　　　　　　　　　　　　　　　　　　图2-86

图2-87

（3）选择"椭圆工具"，按住Shift键，在画布中央画一个圆形，如图2-88所示。

（4）为圆形填充渐变颜色，如图2-89所示。

图2-88　　　　　　　　　　　　　　　图2-89

（5）选择"椭圆工具"，按住Shift键，在第一个圆形的左下方绘制多个小圆形，如图2-90所示。

（6）执行"窗口>路径查找器"命令，打开"路径查找器"面板，单击"联集"按钮，将上一步绘制的多个小圆形合并，并更改填充颜色为白色，如图2-91所示。

图2-90　　　　　　　　　　　　图2-91

（7）重复第（5）步，绘制一些小圆形，将它们合并，并设置填充颜色为D1DEED，然后单击鼠标右键，在弹出的快捷菜单中执行"排列>后移一层"命令，如图2-92所示，将新绘制的图形放在白色图形的下层，如图2-93所示。

（8）选择"椭圆工具"，在下方绘制3个椭圆形，设置最下层椭圆形的填充颜色为D1DEED，如图2-94所示。

排列	▶	置于顶层(F)	Shift+Ctrl+]
选择	▶	前移一层(O)	Ctrl+]
添加到库		后移一层(B)	Ctrl+[
收集以导出	▶	置于底层(A)	Shift+Ctrl+[
导出所选项目...		发送至当前图层(L)	

图2-92　　　　　　　　　　　图2-93

（9）选择"椭圆工具"，在底层圆形的右上方绘制圆形，设置填充颜色为白色，将其作为月亮，如图2-95所示。

图2-94　　　　　　　　　　图2-95

（10）选择"钢笔工具"，在画布空白处绘制一个三角形，并将其复制两个，调整它们的位置，叠成松树的形状，如图2-96所示。

（11）将3个三角形合并，并复制几个，调整它们的位置和大小，并改变它们的填充颜色，效果自然合理即可，如图2-97所示。

（12）选择"形状生成器工具"，删除无用的形状，并整理场景，效果如图2-98所示。

图2-96　　　　图2-97　　　　图2-98

 提示　使用"形状生成器工具"的涂抹模式时，按住Alt键并单击想要删除的图形，即可删除相应的图形。

（13）使用"椭圆工具"绘制雪花，并更改背景颜色，如图2-99所示。

（14）选中需要添加阴影的图形，执行"效果>风格化>投影"命令，如图2-100所示。

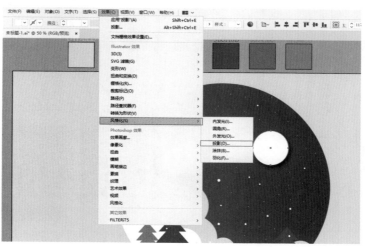

图2-99　　　　　　　　图2-100

27

（15）为图形添加阴影后就有卡纸的感觉了，最终效果如图2-101所示。

图2-101

课后练习　绘制沙漠场景

资源位置

素材文件	素材文件>CH02>课后习题：绘制沙漠场景
实例文件	实例文件>CH02>课后习题：绘制沙漠场景.ai

微课视频

根据本章所学内容，利用Illustrator绘制沙漠场景，完成后的效果如图2-102所示。

设计思路

❶ 绘制草图，将草图导入Illustrator中，如图2-103所示。

图2-102

❷ 选择"钢笔工具"，根据草图画出对应图形并填充适当的颜色，如图2-104所示。

图2-103

图2-104

❸ 根据草图画出细节部分并填充适当的颜色，如图2-105所示。

❹ 根据草图画出骆驼，如图2-106所示，完成沙漠场景的绘制。

图2-105

图2-106

第 3 章

简单的MG动画

动画是一系列图像（其中每张图像与下一张图像略微不同）快速循环播放时给人的一种错觉，此时大脑会认为这组图像是一个变化的场景。在电影中，屏幕上每秒播放许多张照片（帧），便可使人产生类似的错觉。人之所以能看到流畅的画面，是因为人的眼睛会产生视觉暂留现象，人对上一个画面的感知还没消失又看到了下一个画面就会产生一种画面在动的感觉。如果人在短时间内观看一系列相关联的静止画面，就会将它们视为连续的画面。

3.1 关键帧动画

本节主要讲解在After Effects中制作关键帧动画的方法。After Effects中的关键帧动画主要是在"时间轴"面板中制作的，不同于传统动画，After Effects可以帮助用户制作更为复杂的动画效果，用户可以随意控制动画的关键帧，这也是非线性后期软件的优势。

3.1.1 创建关键帧

影视作品的制作中，"关键帧"是一个很重要的概念。关键帧决定了动画的运动方向、流畅度等，掌握关键帧的创建方法是制作影视作品的重中之重。创建关键帧就是对图层的属性值进行设置，展开图层的"变形"属性，每个属性的左侧都有一个秒表图标 ⏱，这是关键帧记录器，是设定动画关键帧的关键。单击该图标，激活对应的关键帧，从这时开始，只要修改物体的属性值，就会记录一个关键帧。与此同时，"时间轴"面板中会出现相应的关键帧图标 ◆，如图3-1所示。

在"合成"面板中，物体的运动轨迹会形成一条控制线，如图3-2所示。

关键帧

关键帧记录器

图3-1

图3-2

单击"时间轴"面板中的"图表编辑器"按钮，激活曲线编辑模式，如图3-3所示。

图3-3

把时间指示器移至两个关键帧中间，修改"位置"属性值，这样"时间轴"面板中会新增一个关键帧，如图3-4所示。

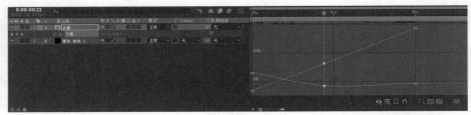

图3-4

在"合成"面板中可以观察到物体的运动轨迹上也多了一个控制点，如图3-5所示。

图3-5

3.1.2 编辑关键帧

在"时间轴"面板中选中要编辑的关键帧，也可以通过框选的方式选中多个关键帧，如图3-6所示。

图3-6

时间是编辑关键帧的重要工具，准确控制时间是非常有必要的。在实际操作过程中，按住Shift键移动时间指示器，时间指示器会自动吸附到邻近的关键帧上。

选中需要复制的关键帧，执行"编辑>复制"命令，将时间指示器移至要粘贴关键帧的位置，执行"编辑>粘贴"命令，可将关键帧粘贴至当前位置。删除关键帧的操作也很简单，选中需要删除的关键帧，按Delete键即可。

选中关键帧，单击鼠标右键，在弹出的快捷菜单中分别执行"关键帧辅助>缓入""关键帧辅助>缓出""关键帧辅助>缓动"命令，如图3-7所示。

图3-7

提示 对关键帧执行"缓入""缓出""缓动"命令可以使动画看起来更加自然。

3.1.3 动画路径的调整

在After Effects中，动画的制作可以通过各种手段来实现，其中，使用曲线来控制动画是最常见的。在图形编辑软件中，常用Bezier手柄来调整曲线，熟悉Illustrator的用户对这个工具应该不陌生，这是调整曲线的最佳工具之一。在After Effects中，可以用Bezier曲线调整路径的形状，也可以在"合成"面板中使用"钢笔工具"修改路径曲线，如图3-8所示。

调整完毕按0键播放动画，可以观察到物体沿着路径运动，如图3-9所示。

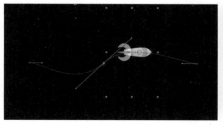

图3-8　　　　　　　　　　　　　图3-9

3.1.4 预览动画

动画制作完成后，可以按空格键预览动画效果，也可以打开"预览"面板，单击"播放"按钮播放动画，在"预览"面板中还可以设置对应的组合键和缓存范围。预览的动画被保存在缓存区域，再次预览动画时会被覆盖。"时间轴"面板中显示预览区域，绿色线条对应的就是渲染完成的动画，如图3-10所示。

图3-10

3.1.5 清理缓存

"清理"命令主要用于清除内存与缓冲区域中的内容。执行"编辑>清理"命令，弹出对应的子菜单，如图3-11所示。该命令非常实用，在实际制作过程中由于素材不断增加，一些不必要的操作和预览动画时留下的数据会占用大量的内存和缓存空间，因此在制作过程中不时进行清理是很有必要的。建议在渲染输出动画之前对内存进行一次全面清理。

图3-11

⚙️ **功能介绍**

- 所有内存与磁盘缓存：将内存缓冲区域中的所有信息和磁盘中的缓存信息清除。
- 所有内存：将内存缓冲区域中的所有信息清除。
- 撤销：清除内存缓冲区域中保存的操作步骤。
- 图像缓存内存：清除系统放置在内存缓冲区域的预览文件，如果在预览动画时无法完全播放整个动画，则可以执行该命令来释放缓存空间。
- 快照：清除内存缓冲区域中的快照信息。

3.1.6 动画曲线的编辑

调整动画曲线是动画师的必备技能之一。图表编辑器是After Effects中编辑动画的主要工具，调整动画曲线能大大提高制作动画的效率，使关键帧的调整更加直观。使用过三维动画软件或二维动画软件的用户应该对"图表编辑器"功能不陌生，初次接触该功能的用户可以通过本小节了解"图表编辑器"面板中的各项功能。

图表编辑器是一种曲线编辑器，许多动画编辑软件都配有图表编辑器。在没有设置关键帧时，"图表编辑器"面板内不会显示任何数据和曲线。当用户对图层的某个属性设置了关键帧动画以后，单击"时间轴"面板中的"图表编辑器"按钮，即可进入"图表编辑器"面板，如图3-12所示。

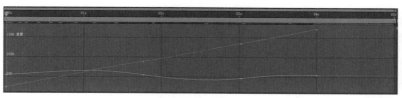

图3-12

不同运动对应的动画曲线不同，大致可分为线性曲线、缓入曲线、缓出曲线、缓入缓出曲线4种，如图3-13所示。

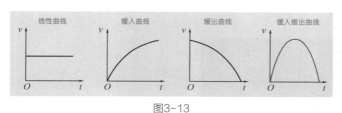

图3-13

⚙ 功能介绍

- 线性曲线：物体做匀速运动，速度不发生变化。
- 缓入曲线：先慢后快，物体做加速运动。
- 缓出曲线：和缓入曲线相反，先快后慢，物体做减速运动。
- 缓入缓出曲线：是缓入曲线和缓出曲线的结合，物体运动速度由慢变快再变慢。

💡 提示　缓入缓出曲线符合自然界中多数物体的运动规律，但不适用于制作灵活的动画。

3.1.7　案例：制作水果游戏机动画

▶ 资源位置

| 素材文件 | 素材文件>CH03>案例：制作水果游戏机动画 |
| 实例文件 | 实例文件>CH03>案例：制作水果游戏机动画.aep |

微课视频

本案例讲解使用After Effects的"图表编辑器"功能制作水果游戏机动画的方法，完成后的效果如图3-14所示。

图3-14

1. 绘制机身

（1）启动After Effects 2021，执行"合成>新建合成"命令，在弹出的"合成设置"对话框中设置"合成名称"为"合成"，"预设"为"自定义"，大小为1920px×1080px，取消勾选"锁定长宽比为16∶9（1.78）"复选框，设置"像素长宽比"为"方形像素"，"帧速率"为25帧/秒，"分辨率"为"完整"，"持续时间"为5秒，"背景颜色"为黑色，如图3-15所示，单击"确定"按钮。

（2）在"图层"面板的空白处单击鼠标右键，在弹出的快捷菜单中执行"新建>纯色"命令，如图3-16所示。

图3-15

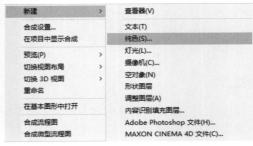

图3-16

（3）选中新建的图层，单击鼠标右键，在弹出的快捷菜单中执行"重命名"命令，如图3-17所示。修改其名称为"背景"，如图3-18所示。

图3-17

图3-18

（4）执行"图层>纯色设置"命令，如图3-19所示。设置颜色为R=183、G=229、B=255，如图3-20所示。

图3-19

图3-20

（5）使用"圆角矩形工具"（见图3-21）绘制一个圆角矩形，并在"矩形路径1"中将"圆度"设置为100，如图3-22所示，效果如图3-23所示。

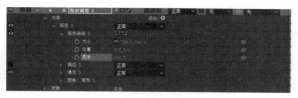

图3-21　　　　　　　　　　　　图3-22　　　　　　　　　　　　图3-23

（6）选择"圆角矩形工具"，绘制游戏机的屏幕，如图3-24所示，设置填充颜色为$R=153$、$G=208$、$B=239$，如图3-25所示。

（7）使用同样的方法绘制其他形状，它们的填充颜色和屏幕相同，效果如图3-26所示。

图3-24　　　　　　　　　　　图3-25　　　　　　　　　　　图3-26

2．绘制白色屏幕

（1）选择"圆角矩形工具"，绘制白色屏幕，如图3-27所示。

（2）复制两个白色屏幕并调整它们的位置，如图3-28所示。

图3-27　　　　　　　　　　　　图3-28

3．添加水果

（1）将水果素材导入After Effects 2021，调整其大小及位置，如图3-29所示。

 提示　也可以执行"对齐>分布图层>垂直均匀分布"命令来排列水果。

（2）选中所有水果图层，按Ctrl+Shift+C组合键新建预合成，设置"新合成名称"为"水果"，如图3-30和图3-31所示。

图3-29　　　　　　　　　　　图3-30

图3-31

（3）将第一个白色屏幕移动到"水果"图层的上层，调整"水果"图层的遮罩方式为"Alpha遮罩'形状图层11'"，如图3-32所示。调整后的效果如图3-33所示。

（4）使用同样的方法制作其他小屏幕中的效果，完成后的效果如图3-34所示。

<table>
<tr><td>没有轨道遮罩</td></tr>
<tr><td>● Alpha 遮罩"形状图层 11"</td></tr>
<tr><td>Alpha 反转遮罩"形状图层 11"</td></tr>
<tr><td>亮度遮罩"形状图层 11"</td></tr>
<tr><td>亮度反转遮罩"形状图层 11"</td></tr>
</table>

图3-32　　　　　　　　　　图3-33　　　　　　　　　　图3-34

4．制作动画

（1）选中"水果"图层，执行"效果>风格化>动态拼贴"命令，如图3-35所示。

（2）在"效果控件"面板中设置"动态拼贴"的属性，为"拼贴中心"属性制作动画，把时间指示器移动到第0帧的位置，单击"拼贴中心"左侧的秒表图标，记录当前关键帧，如图3-36所示。

 提示　"拼贴中心"属性值有x轴、y轴之分。这里只记录y轴，因为水果只沿y轴运动。

（3）移动时间指示器到2秒的位置，再修改"拼贴中心"y轴的数值，如图3-37所示。

图3-35

图3-36

图3-37

图3-38

（4）选中两个关键帧，按F9键或单击鼠标右键，在弹出的快捷菜单中执行"关键帧辅助>缓动"命令，如图3-38所示。

（5）单击"图表编辑器"按钮，"图表编辑器"面板中默认显示的曲线为"编辑值图表"曲线，如图3-39所示。

图3-39

（6）选中曲线，单击鼠标右键，在弹出的快捷菜单中执行"编辑速度图表"命令，如图

MG动画设计案例教程（全彩微课版）

3-40和图3-41所示。

图3-40

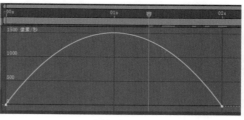
图3-41

（7）选中曲线右侧的端点，将手柄向左拖动，如图3-42所示。

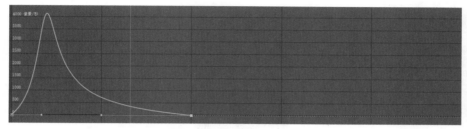
图3-42

 提示　此处曲线的意义为：缓入的速度快，缓出的速度慢。

（8）使用同样的方法为第二、第三个屏幕中的水果制作动画，分别调整它们的曲线，将它们错开，如图3-43所示。

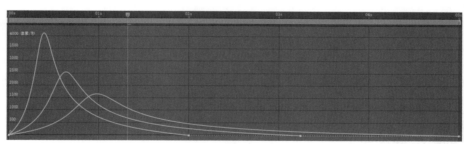
图3-43

（9）在"时间轴"面板中打开运动模糊开关和图层的运动模糊开关，如图3-44所示。

（10）应用运动模糊后的动画效果如图3-45所示。

图层的运动模糊开关　　　　运动模糊开关

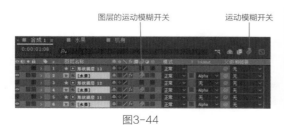
图3-44

图3-45

5. 绘制杠杆

（1）使用"椭圆工具"绘制形状，按住Shift键绘制圆形，其填充颜色与机身颜色相同，如图3-46所示。

（2）使用"矩形工具"绘制杠杆，再使用"椭圆工具"绘制手柄，如图3-47所示。

图3-46

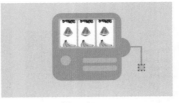

图3-47

6. 绘制阴影

游戏机整体绘制完成后，还需要绘制阴影以加强画面的整体性。

（1）使用"椭圆工具"绘制阴影，如图3-48所示，设置其填充颜色为灰蓝色，如图3-49所示。

（2）完成上述操作后，执行"文件>保存"命令，保存文件，如图3-50所示。

图3-48

图3-49

图3-50

3.2 人偶控点动画

人偶控点工具组中的工具用于根据控点（也称为操控点）的位置，对图像的不同部位进行拉伸、挤压、伸展及其他变形处理，类似Photoshop中的"操控变形"命令。使用这类工具时，先在静态图片上添加控点，然后通过操纵控点改变图像形状，如同操控木偶一般。这类工具可以在一个区域中添加多个控点，并保留图像细节；可以控制控点的旋转，以实现不同样式的变形，从而更加灵活地弯曲图像；还可以做出很好的联动动画，如飘动的旗帜和人物手臂的动作。

3.2.1 人偶控点工具

人偶控点工具组中有5个工具，每个工具对应一种控点，控点决定了对象的运动方式。After Effects会自动创建网格并指定每个控点的影响范围，下面介绍这5个工具。

1. 人偶位置控点工具

人偶位置控点工具用于设置和移动位置控点，位置控点如同提线木偶中的提线连接处，在"合成"面板中显示为黄色，如图3-51所示。

提示 按住Shift键可选中多个控点；按Delete键可删除控点；可使用"选择工具"移动控点；只要添加或移动了控点，系统就会自动添加关键帧，因此，在添加控点前应留意时间指示器当前所处的位置。

⚙ **功能介绍**

● 网格：决定是否显示网格，网格线的颜色由"时间轴"面板中图层名称左侧的颜色标签决定。

- 扩展：决定网格包围的区域，一般以稍微超出对应区域为准，如果想做一个整体运动，则增大该值，直到网格覆盖需要的区域为止。
- 密度：决定网格中包含的三角形的数量，此值越大，变形的边缘越平滑。

2. 人偶固化控点工具

人偶固化控点工具用于设置固化控点（也称为"扑粉"控点），被固化的部分不易发生弯曲变形，固化控点在"合成"面板中显示为红色，如图3-52所示。

图3-51 　　　　　　　　　　图3-52

 如果想让某个区域不变形，则在此区域中添加固化控点。

3. 人偶弯曲控点工具

人偶弯曲控点工具用于设置弯曲控点，允许对图像的某个部分进行缩放、旋转处理，同时不改变其位置，如图3-53所示。

 将鼠标指针置于圆周上的方块上可缩放图像，将鼠标指针置于圆周上可旋转图像。按住Shift键可以15°为增量旋转图像，或以5%为增量缩放图像。

使用弯曲控点缩放或旋转图像时，最好再添加一个弯曲控点来辅助控制影响范围，其效果要好于其他类型的控点。

4. 人偶高级控点工具

人偶高级控点工具用于设置高级控点，可用它们完全控制部分图像的缩放、旋转及位置，如图3-54所示。

图3-53 　　　　　　　　　　图3-54

 圆周上的方块用于缩放图像，将鼠标指针置于圆周上可旋转图像；与弯曲控点一样，为高级控点添加同类型的控点更利于控制影响范围；高级控点比弯曲控点和位置控点更常用。

5. 人偶重叠控点工具

人偶重叠控点工具用于设置重叠控点，当图像中有重叠区域时，可用它决定哪一部分在前面，如图3-55所示。

 提示 在原网格线上确定可能重叠的区域后，可直接拖动重叠控点来改变影响的区域。其他控点都属于变形属性，而重叠控点属于重叠属性，可能需要额外添加关键帧。

图3-55

⚙ 功能介绍

- 置前：值为100%时，完全显示在前面；值为-100%时，完全显示在后面。
- 范围：决定定位点的影响范围。

3.2.2 动画制作

使用人偶控点工具制作变形动画，就是在"时间轴"面板中为各个控点的位置、旋转或缩放等属性添加关键帧，实现的方法有手动法和自动法两种。

手动法：使用传统的添加关键帧的方法，先确定时间指示器的位置，再改变相应属性的值。

自动法：按住Ctrl键将鼠标指针移动到控点上即可激活"人偶草绘工具"，此时拖曳控点会自动记录控点的运动并生成关键帧；释放鼠标左键会停止记录，时间指示器返回原来的位置。

（1）设置动画在录制时的播放速度。选择"人偶位置控点工具"，在工具栏右侧单击"记录选项"按钮，在打开的对话框中进行设置，如图3-56所示。

（2）只能记录选中的控点的运动，可以是一个控点，也可以是按住Shift键选中的多个控点。

（3）要先确定好时间指示器的位置，因为完成一次记录后，它将自动返回到原位置。

（4）使用"平滑器"面板平滑动画。执行"窗口>平滑器"命令可打开"平滑器"面板，如图3-57所示。

 提示

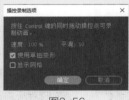
图3-56

图3-57

3.2.3 案例：制作斑马行走动画

> 资源位置

 素材文件　素材文件>CH03>案例：制作斑马行走动画

 实例文件　实例文件>CH03>案例：制作斑马行走动画.aep

微课视频

本案例讲解使用After Effects中的人偶控点工具制作斑马行走动画的方法，完成后的效果如图3-58所示。

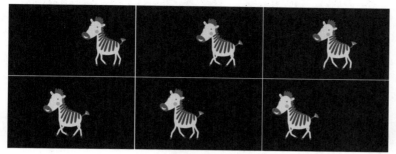

图3-58

1. 导入斑马素材

（1）启动After Effects 2021，执行"文件>新建>新建项目"命令，再执行"合成>新建合成"命令，新建一个合成，如图3-59所示。

（2）导入斑马素材，调整其大小及位置，如图3-60所示。

图3-59

图3-60

2. 为斑马的腿添加控点

（1）选择"人偶位置控点工具"，为斑马添加位置控点，位置控点位于斑马的身体和腿的连接处，如图3-61所示。

（2）选择"人偶固化控点工具"，为斑马添加固化控点，用来固化斑马的腿部，如图3-62所示。

（3）选择"人偶高级控点工具"，为斑马添加高级控点，高级控点需要添加在腿的关节处，如图3-63所示。

3. 制作斑马行走动画

（1）在制作动画之前，要先改变斑马的姿势，因为现在斑马处于站立状态，所以需要将其调整成走路的动势，如图3-64所示。

（2）用旋转和移动的方式调整斑马前腿和后腿的位置，如图3-65所示。

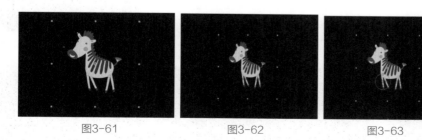

图3-61   图3-62   图3-63

图3-64 　　　　　　　　　　　　　　图3-65

（3）做好一组动画后，将其复制并粘贴到其他时间位置，如图3-66所示。

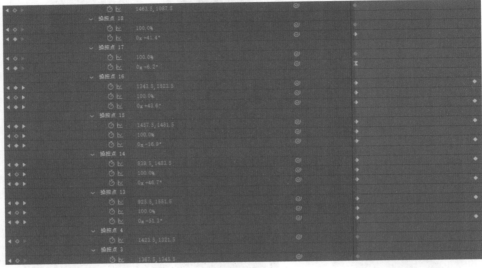

图3-66

（4）做好腿部动画后，制作颈部弯曲动画。选择"人偶弯曲控点工具"，在斑马的脖颈处添加弯曲控点，如图3-67所示，然后调整动画，如图3-68所示。

（5）选择"人偶弯曲控点工具"，在斑马的尾巴上添加弯曲控点，如图3-69所示。

图3-67 　　　　　　　　图3-68 　　　　　　　　图3-69

（6）通过调整尾巴动画可以发现，单纯地旋转尾巴上的弯曲控点时，斑马的整个尾部也会随之运动，所以需要为斑马的尾部添加位置控点，如图3-70所示。

（7）斑马的尾巴动画设置完成后，继续调整其他动画，完成后的效果如图3-71所示。

图3-70

图3-71

提示 动画的调整不是一蹴而就的，而是需要耐心，结合动画原理反复调整。

3.3 粒子特效动画

粒子插件是After Effects的重要组成部分，其效果很强大，可调整相关参数获得更多的效果，本节将以"红巨星"粒子插件为基础讲解粒子特效动画的制作。

3.3.1 After Effects中的粒子特效

"红巨星"粒子插件简称P粒子插件，是红巨星Trapcode Suite（插件套装）内的一款插件，它能够在After Effects中创建复杂的3D粒子效果，例如，制造火、水、烟、雪等有机物，创建漂亮的运动图形等。

在物理功能上，P粒子插件可以模拟在空气中移动并从物体表面反弹的粒子，在After Effects 2021版本中，P粒子插件可以使用新的Dynamic Fluids（物理引擎）实现逼真的流体模拟效果，如图3-72所示。

图3-72

3.3.2 添加粒子特效的方法

（1）启动After Effects 2021，执行"文件>新建>新建项目"命令，新建一个项目，然后执行"合成>新建合成"命令，打开"合成设置"对话框，设置"预设"为"HDTV 1080 25"，单击"确定"按钮，如图3-73所示。

（2）执行"图层>新建>纯色"命令，如图3-74所示，创建名称为"黑色"的图层，单击"确定"按钮，如图3-75至图3-76所示。

（3）选中当前图层，单击鼠标右键，在弹出的快捷菜单中执行"效果>RG Trapcode>Particular"命令，如图3-77所示。

（4）在"效果和预设"面板中输入命令的首字母P，即可找到对应的粒子效果，如图3-78所示。选中"Particular"效果，然后将其拖曳至图层上。

图3-73

图3-74

图3-75

图3-76

图3-77　　　　　　　　　图3-78

3.3.3　粒子的属性

添加粒子效果后，"效果控件"面板中会显示粒子的属性，如图3-79所示。

1. 发射器

展开"发射器"属性组，如图3-80所示。

⚙ **功能介绍**

图3-79

- 发射器动作：包含连续、爆炸、随发射器速度3种动作，如图3-81所示。
- 粒子/秒：用于设置每秒发射粒子的数量。
- 发射器类型：用于选择粒子发射器的类型，可决定发射粒子的区域和位置，如图3-82所示。例如，选择"灯光"，表示从灯光层发射粒子，先创建一个图层作为灯光层，灯光层包含"位置""跟踪优化""方向"3个属性，如图3-83所示。

图3-80

图3-81

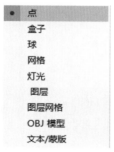

图3-82

图3-83

- 旋转：用于设置粒子在x、y、z 3个轴向上的旋转角度。
- 速率：用于设置粒子的运动速度。
- 速率随机值：用于设置粒子运动的相对随机程度。

提示 "速率随机值"可以和"速率"属性结合使用。如果把"速率"设置为100，"速率随机值"设置为20%，那么这个粒子的速率将为80~120的随机数。

2. 粒子

展开"粒子"属性组，如图3-84所示。

⚙ **功能介绍**

- 寿命[秒]：用于设置粒子的生命值。
- 寿命随机值：用于设置粒子寿命的随机范围。
- 粒子类型：用于设置粒子的形状，如图3-85所示。

图3-84

提示 "寿命随机值"可以和"寿命[秒]"结合使用。如果把"寿命[秒]"设置为100，"寿命随机值"设置为20%，那么粒子的寿命将为80~120的随机数。

- 球体羽化：用于设置球体边缘的模糊值。
- 尺寸：用于设置粒子大小。
- 尺寸随机值：用于设置粒子大小的随机值。

 提示 "尺寸随机值"为百分比值，相当于在原有尺寸上乘以该百分比值。

- 设置颜色：用于设置粒子的颜色，如图3-86所示。

图3-85　　　　　　　　图3-86

- 颜色：用于设置粒子的颜色。
- 颜色随机值：百分比值，用于随机改变粒子颜色。

3.3.4 案例：制作粒子化Logo效果动画

> **资源位置**

 素材文件　素材文件>CH03>课堂案例：制作粒子化Logo效果动画

 实例文件　实例文件>CH03>课堂案例：制作粒子化Logo效果动画.aep

微课视频

本案例讲解使用粒子插件制作粒子化Logo效果动画的方法，完成后的效果如图3-87所示。

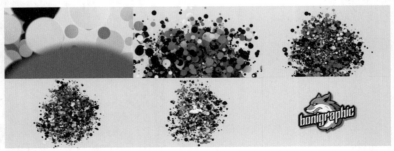

图3-87

1. 导入素材

（1）启动After Effects 2021，执行"文件>新建>新建项目"命令，再执行"合成>新建合成"命令，新建一个合成，如图3-88所示。

（2）在"项目"面板的空白处双击，弹出"导入文件"对话框，选择需要的Logo素材，将"导入种类"设置为"合成"，单击"确定"按钮，如图3-89所示。

图3-88	图3-89

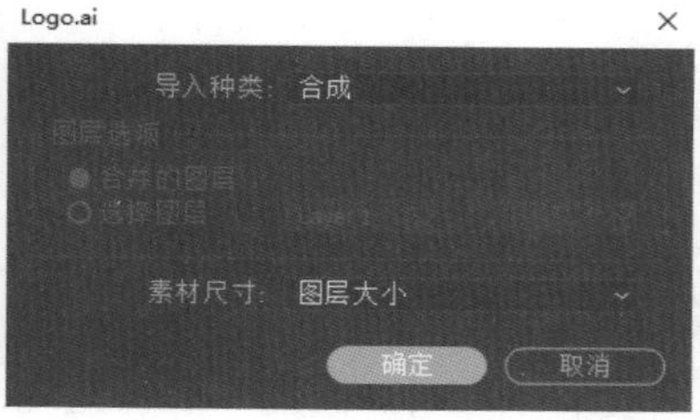

（3）调整素材大小。选中当前图层，按S键，将素材缩放至合适的大小，如图3-90所示，效果如图3-91所示。

图3-90	图3-91

（4）在"时间轴"面板图层区域的空白处单击鼠标右键，在弹出的快捷菜单中执行"新建>形状图层"命令，如图3-92所示，选择"钢笔工具"，绘制图案的轮廓，并为其填充白色，如图3-93所示，然后将对应图层重命名为"遮罩"，如图3-92和图3-93所示。

图3-92

图3-93

（5）为"遮罩"图层设置关键帧动画。将时间指示器移动至起始帧处，设置"缩放"为（0,0%），如图3-94所示，将时间指示器移动到3秒的位置，调整"缩放"为（119,119%），如图3-95所示，单击"Logo"图层，设置其遮罩方式为"Alpha"，效果如图3-96所示。

图3-94

图3-95

图3-96

（6）为"遮罩"图层添加"湍流置换"效果，将时间指示器移动至起始帧处，设置"数量"为100，"复杂度"为10，"演化"为0x-108°，如图3-97和图3-98所示；将时间指示器移动到3秒的位置，调整"数量"为50，"演化"为0x+0°，如图3-99所示，效果如图3-100所示。

图3-97

图3-98

图3-99

图3-100

（7）选中"遮罩"图层，按S键，然后选中两个关键帧，按F9键，单击"图表编辑器"按钮，选中右侧的控制点并向左拖动，如图3-101所示。

2. 添加粒子

（1）新建一个合成并命名为"主合成"，如图3-102所示，较将"项目"面板中的"Logo"和"合成1"图层都拖曳至"主合成"中，如图3-103所示。

（2）新建纯色图层并命名为"背景"，设置"颜色"为灰色，将其调整到最下层，如图3-104至图3-107所示。

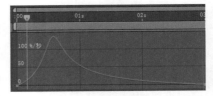

图3-101

图3-102

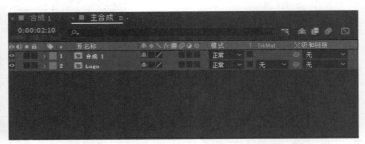

图3-103

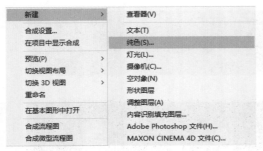

图3-104

图3-105

图3-106

图3-107

（3）新建一个图层并命名为"粒子"，单击鼠标右键，在弹出的快捷菜单中执行"效果>RG Trapcode>Particular"命令，如图3-108所示。

图3-108

（4）选中"合成1"和"Logo"两个图层，开启3D模式，将时间指示器移动至起始帧处，设置粒子发射数量为0；将时间指示器移动到3秒的位置，调整粒子发射数量为100000；再将时间指示器移动到4秒的位置，调整粒子发射数量为0，如图3-109所示。

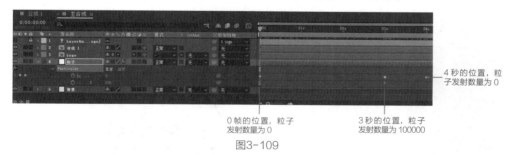

4秒的位置，粒子发射数量为0

0帧的位置，粒子发射数量为0　　　3秒的位置，粒子发射数量为100000

图3-109

3. 调整粒子参数

（1）设置"发射器类型"为"图层"，将"图层发射器"中的"图层"设置为"3.Logo"，"图层采样"设置为"当前时间（游标）"，如图3-110所示。将时间指示器移动至起始帧处，设置"速率"为-200，将时间指示器移动至4秒的位置，调整"速率"为0，效果如图3-111所示。

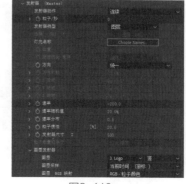
图3-110

图3-111

（2）设置粒子的属性。设置"寿命[秒]"为2，"球体羽化"为10，"尺寸随机值"为100%，如图3-112所示。

（3）调整"着色"属性。将"主体的暗影""辅助物的暗影"均设置为"On"，如图3-113所示。

图3-112

图3-113

（4）调整"物理"属性。展开"湍流场"属性，将"影像尺寸"设置为100，将"影像位置"设置为-100，如图3-114所示。

（5）调整"世界变换"属性。将时间指示器移动至起始帧处，设置"x旋转"为0x-250°，"z偏移"为-3500；将时间指示器移动到4秒的位置，将"x旋转"设置为0x+0°，"z偏移"调整为0，如图3-115和图3-116所示。

图3-114

图3-115

图3-116

（6）调整"合成1"图层的位置，将其向后移动，如图3-117所示，当粒子消失后再显示图层效果，如图3-118所示。

图3-117

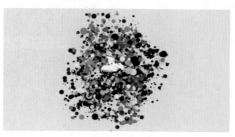

图3-118

4. 调整效果

选中"合成1"图层，为图层添加"投影"效果，调整"距离"为25，"柔和度"为30，如图3-119所示，完成后的效果如图3-120所示。

图3-119

图3-120

3.4 文字动画

文字动画是MG动画中最常见的一种动画表现形式，After Effects允许在合成中直接创建文字动画效果，设置文字的字体样式、大小和颜色等，然后以动态的方式为单个文字、单词或文本设置动画效果。

 **创建文字**

在After Effects 2021中创建文字非常方便，有以下两种方式。

（1）选择"横排文字工具"，如图3-121所示。

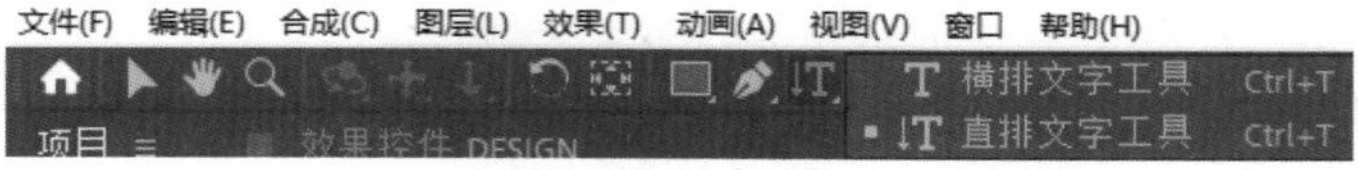

图3-121

（2）执行"图层>新建>文本"命令，如图3-122所示。

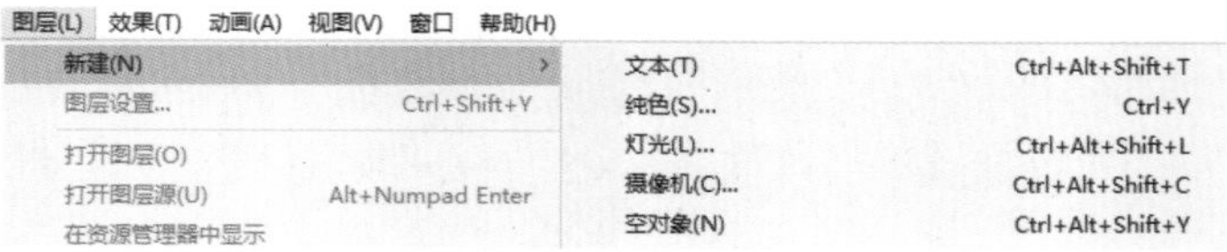

图3-122

默认的文字工具有"横排文字工具"和"直排文字工具"。在"合成"面板中的任意位置单击，一个新的文字图层被添加到"时间轴"面板中。输入文字内容时可以按回车键换行。这时图层的名称会变为刚才输入的内容，如图3-123所示。

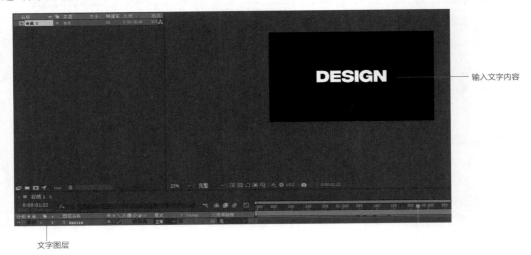

图3-123

执行"窗口>字符"命令，如图3-124所示，打开"字符"面板，如图3-125所示。

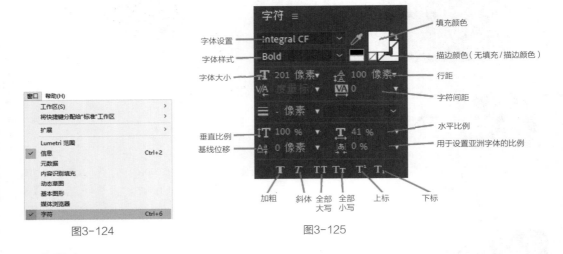

图3-124　　　　　　　　　图3-125

3.4.2　改变文字样式

用户如果使用过其他Adobe软件，那么对"字符"面板应该是非常熟悉的，它们的大多数编辑设置和组合键是相同的。

在"字符"面板和"段落"面板中做的更改只会应用到选中的文字上，如果文字图层被选中并且不处于编辑状态，则更改会应用到整个图层中。如果什么都没有选择，并且文字图层处于编辑状态，则更改将会应用到输入的下个文字中。

使用文字工具可以插入和删除文字，并且可以改变现有的文字；还可以随意更改文字属性，让不同的文字拥有自己的样式，如图3-126所示。

修改"字符"面板中的字体设置可以修改文字的字体，字体的样式与计算机中安装的字体样式有关，用户可以通过网络自行下载字体到本地计算机上并安装使用，如图3-127所示。

图3-126   图3-127

3.4.3 更改文字颜色

要改变文字颜色，需确保填充色框在上层，然后单击色块以打开颜色拾色器，选择一种颜色并单击"确定"按钮，也可以单击黑白色块快速设置文字颜色为黑色或白色，还可以使用"吸管工具"从界面中的其他位置拾取一种颜色。

要添加描边，需要先设置描边宽度，使描边色框在上层，并将描边颜色修改为需要的颜色（如果有任何文字被选中了，则它将更新为拾取的颜色），如图3-128所示。

图3-128

3.4.4 添加动画属性

为了使文字动起来，首先要为文本添加动画属性，如位置、缩放、旋转、填充颜色等，如图3-129所示。

图3-129

3.4.5 案例：制作文字标题动画

> **资源位置**

 素材文件 　素材文件>CH04>课堂案例：制作文字标题动画

 实例文件 　实例文件>CH04>课堂案例：制作文字标题动画.aep

 微课视频

本案例讲解使用文字工具和设置文字属性制作标题文字动画的方法，完成后的效果如图3-130所示。

1. 新建合成

启动After Effects 2021，执行"文件>新建>新建项目"命令，新建一个项目，再执行"合成>新建合成"命令，新建一个名为"渲染"的合成，如图3-131所示。

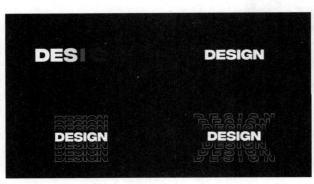

图3-130　　　　　　　　　　　　　　　　　图3-131

2. 创建文字图层

选择"横排文字工具"，输入"DESIGN"并将其移动到画布中心位置，也可以使用"对齐"命令来移动文字，如图3-132和图3-133所示。

图3-132　　　　　　　　　　　　图3-133

 提示　"对齐"面板可以执行"窗口>对齐"命令打开。

3. 为文字添加动画属性

（1）单击"动画"的 图标，为文字添加"不透明度"属性，如图3-134所示。

（2）单击"添加"右侧的 图标，执行"属性>字符间距"命令，如图3-135所示。

图3-134　　　　　　　　　　　　　　　　　图3-135

（3）将时间指示器移动至起始帧处，将"不透明度"调整为0，展开"范围选择器1"属性，将"偏移"调整为-100%，如图3-136所示。将时间指示器移动至第10帧的位置，单击秒表图标添加关键帧。

图3-136

（4）将时间指示器移动至1秒的位置，将"偏移"调整为100%，如图3-137所示。

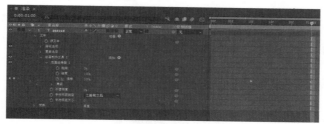

图3-137

（5）展开"高级"属性，找到"形状"属性，将默认的"正方形"改成"上斜坡"，把"缓和高"和"缓和低"均调整成100%，再调整"字符间距大小"为50，如图3-138所示。

（6）选中文字图层，按S键调出"缩放"属性，将时间指示器移动至第24帧的位置，设置"缩放"为（150，150%）。再将时间指示器移动至1秒20帧处，更改"缩放"为（100，100%），然后选中两个关键帧，按F9键，单击"图表编辑器"按钮，在"图表编辑器"面板中调整动画曲线，如图3-139所示。

图3-138

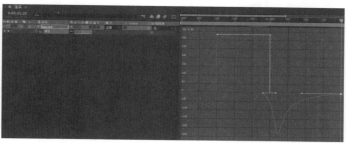

图3-139

4. 添加背景效果

（1）复制文字图层，将其重命名为"背景文字"，按P键，调整"位置"的y轴数值，将"背景文字"图层移动到"DESIGN"图层的上层，如图3-140所示。

（2）选中"背景文字"图层，删除缩放关键帧，再删除动画属性，将文字描边打开，取消填充颜色，将描边宽度调整为3像素，如图3-141所示。

图3-140

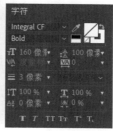

图3-141

（3）选中"背景文字"图层，为其添加遮罩，调整遮罩的位置，将"蒙版羽化"调整为（40,40）像素，如图3-142所示，效果如图3-143所示。

图3-142　　　　　　　　　　　　　　　　　图3-143

（4）选中"背景文字"图层，添加"位置"属性，将时间指示器移动至1秒20帧的位置，将"位置"的y轴数值调整为91，如图3-144所示，再将时间指示器移动至3秒的位置，将"位置"的y轴数值调整为0，如图3-145所示。

图3-144

图3-145

（5）添加"字符间距大小"属性，在3秒的位置设置"字符间距大小"为0，如图3-146所示，在4秒的位置设置"字符间距大小"为25，如图3-147所示。

图3-146

图3-147

（6）为"位置"和"字符间距大小"属性的所有关键帧都添加缓动动画，如图3-148所示。

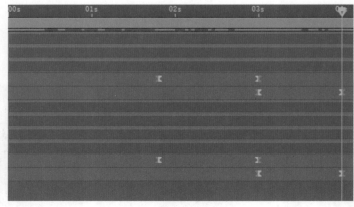

图3-148

（7）打开"图表编辑器"面板，调整动画曲线，如图3-149所示。

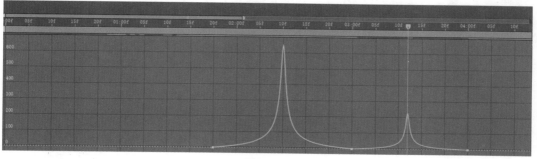

图3-149

（8）复制两次"背景文字"图层，移动它们的位置并更改"字符间距大小"值，如图3-150所示，效果如图3-151所示。

图3-150

图3-151

（9）复制"背景文字"图层多次并将它们移动至"背景文字"图层的下层，如图3-152所示，使用同样的方法调整相关参数，效果如图3-153所示。

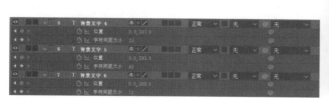

图3-152

图3-153

（10）至此，文字标题动画制作完毕，效果如图3-154所示。

图3-154

3.5 课堂案例：制作波浪文字动画

　　本案例讲解波浪文字动画的制作方法，希望读者能够认真学习制作思路，举一反三地独立做出优秀的作品，完成后的效果如图3-155所示。

图3-155

3.5.1　制作背景

　　启动After Effects 2021，执行"文件>新建>新建项目"命令，新建一个项目，再执行"合成>新建合成"命令，打开"合成设置"对话框，选择"HDTV 1080 25"预设，单击"确定"按钮，如图3-156所示。

图3-156

3.5.2　制作波浪

　　（1）使用"矩形工具"绘制一个矩形，设置填充颜色为$R=0$、$G=168$、$B=255$，如图3-157所示，并关闭描边，更改图层名称为"波浪"，绘制的矩形如图3-158所示。

图3-157

图3-158

（2）选中"波浪"图层，添加"湍流置换"效果，调整"大小"为130，如图3-159所示，为"偏移（湍流）"和"演化"添加关键帧，以模拟海浪的运动，效果如图3-160所示。

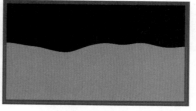

图3-159　　　　　　　　　　　　　　　图3-160

（3）将时间指示器移动至起始帧处，调整"偏移"为（250,375），"演化"为0x+0°，如图3-161所示；将时间指示器移动至5秒的位置，修改"偏移"为（1068,865），"演化"为1x+313°，如图3-162所示。

图3-161

图3-162

3.5.3　制作水花动画

（1）添加调整图层，执行"效果>模糊和锐化>高斯模糊"命令，如图3-163所示，将"模糊度"调整成50，如图3-164所示。

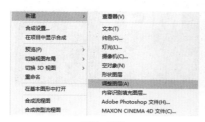

图3-163　　　　　　　　　　　　　　图3-164

（2）执行"效果>遮罩>简单阻塞工具"命令，将"阻塞遮罩"修改为-20，如图3-165所示。

图3-165

（3）使用"椭圆工具"绘制一个圆形，用来模拟浪花，将对应图层重命名为"浪花"，制作浪花从出海到入海的运动过程，并将"浪花"图层移动到调整图层的下层，如图3-166所示，效果如图3-167所示。

（4）此时查看效果，浪花与波浪会融合出现，如图3-168所示。

图3-166

图3-167

波浪与浪花融合

图3-168

💡 提示　波浪与浪花的融合是通过调整高斯模糊和阻塞遮罩的范围来实现的。

（5）调整"浪花"的运动效果，选中关键帧，按F9键，单击"图表编辑器"按钮，在"图表编辑器"面板中调整动画曲线，如图3-169所示。

3.5.4　合成效果

（1）新建合成并命名为"渲染"，如图3-170所示，创建文本图层，输入文字"MG动画"，设置文字大小为400像素，效果如图3-171所示。

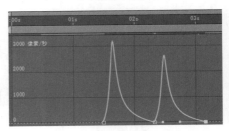

图3-169

图3-170

图3-171

（2）将"合成"图层拖到文本图层的下层，将"合成"图层的遮罩模式调整为"Alpha"，如图3-172所示，并调整遮罩的位置，效果如图3-173所示。

图3-172

图3-173

（3）打开"合成"图层的"位置"属性，将时间指示器移动至起始帧处，单击"位置"左侧的秒表图标，添加关键帧，调整y轴数值，使遮罩不影响文字；再将时间指示器移动至5

秒的位置，调整"位置"的y轴数值，使遮罩完全遮盖文字，如图3-174所示。

（4）复制"合成"图层和"MG动画"图层，并在"时间轴"面板中将它们的位置错开，选中新复制的"合成"图层，单击鼠标右键，在弹出的快捷菜单中执行"效果>生成>填充"命令，更改颜色为R=98、G=242、B=255，如图3-175至图3-178所示。

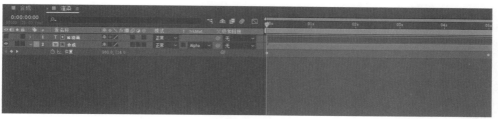

图3-174

图3-175

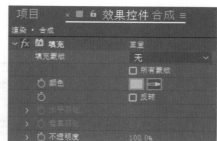

图3-176

图3-177

图3-178

（5）再次复制"合成"图层和"MG动画"图层，调整它们的位置，使用同样的方法调整"颜色"为白色，如图3-179所示，效果如图3-180所示。

图3-179

图3-180

（6）至此，波浪文字动画制作完毕，效果如图3-181所示。

图3-181

资源位置

素材
文件　素材文件>CH03>课后习题：制作卡通火箭升空动画

实例
文件　实例文件>CH03>课后习题：制作卡通火箭升空动画.aep

微课视频

根据本章所学内容制作卡通火箭升空动画，完成后的效果如图3-182所示。

图3-182

设计思路

❶ 将火箭素材导入After Effects 2021，如图3-183所示。

图3-183

❷ 制作尾翼旋转动画，如图3-184所示。

图3-184

❸ 添加粒子，调整粒子发射器的类型、粒子大小等，制作火箭尾烟动画，如图3-185所示。

图3-185

第 4 章

复杂的MG动画

复杂动画的制作原理与简单动画的制作原理相同，在此基础上利用路径动画、表达式来制作烦琐的运动效果，可以将需要用很多关键帧才能完成的动画简单化。

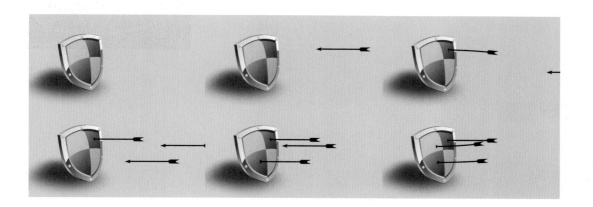

4.1　路径动画

本节主要讲解在After Effects中制作路径动画的方法。After Effects的路径动画具备一个非常重要的功能，即允许用户按照自己制作的路径快速创建自定义动画。路径动画的主要制作思路为：使用"钢笔工具"绘制路径，使图层中的物体按照绘制好的路径运动，调整路径的形状即可调整物体的运动轨迹。

4.1.1　绘制路径

制作路径动画最重要的就是绘制路径，它决定了动画的流畅程度。一般使用"钢笔工具"来绘制路径，路径绘制完成后，对应图层就具有了"路径"属性，如图4-1和图4-2所示。

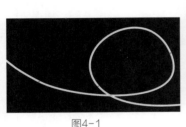

图4-1

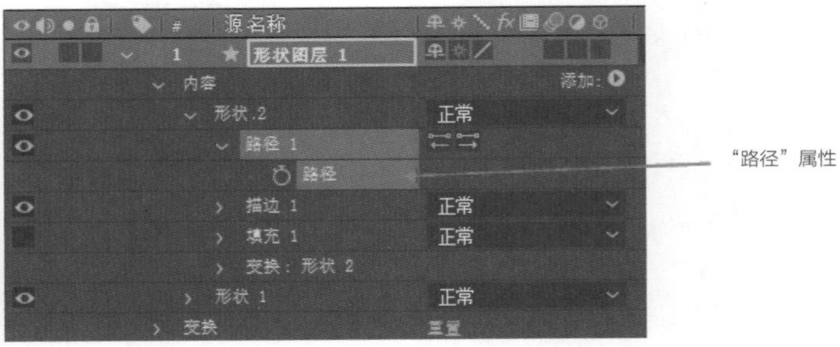

"路径"属性

图4-2

复制"路径"属性，将其粘贴到需要制作动画的图层的"位移"属性上，这样图层中的物体会按照路径的形状运动，如图4-3所示。

图4-3

> **提示**　路径动画是基于运动对象的中心点来创建的，在制作路径动画之前，要先检查中心点是否在运动对象中心。

4.1.2　锚点的作用

锚点对于路径来说非常重要，它可以决定路径的平滑效果，绘制完路径后可以编辑锚点来修改路径的形状，如图4-4所示。由于每一个锚点都是动画的关键帧，因此也可以通过修改关键帧的方式来调节路径动画的流畅程度，如图4-5所示。

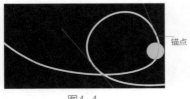

锚点

图4-4

图4-5

4.1.3　案例：制作汽车弯道行驶动画

> **资源位置**

 素材
文件　素材文件>CH04>案例：制作汽车弯道行驶动画

实例
文件　实例文件>CH04>案例：制作汽车弯道行驶动画.aep

 微课视频

本案例讲解运用路径制作汽车弯道行驶动画的方法，完成后的效果如图4-6所示。

图4-6

1. 绘制公路

（1）在Illustrator 2021中使用"钢笔工具"绘制路径，效果如图4-7所示。

（2）关闭填充，将描边颜色设置为*R*=27、*G*=27、*B*=51，如图4-8所示。

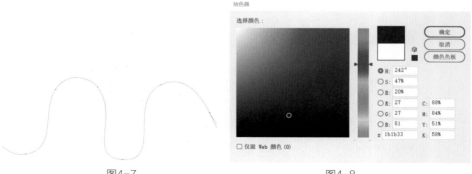

图4-7　　　　　　　　　　　　　　　图4-8

（3）增大描边尺寸。将描边宽度修改为170pt，效果如图4-9所示。

（4）绘制车道分界线。在"图层"面板中选中路径，按Ctrl+C组合键复制路径，再按Ctrl+V组合键粘贴路径，效果如图4-10所示，此时的"图层"面板如图4-11所示。

图4-9　　　　　　　　　　　图4-10

图4-11

（5）选中上层路径，更改描边颜色为白色，修改描边宽度为10pt，将此路径移动至下层的中心位置，效果如图4-12所示。

（6）选中白色路径，单击"描边"，勾选"虚线"复选框，将虚线宽度修改为50pt，如图4-13所示，效果如图4-14所示。

（7）使用"矩形工具"绘制背景，如图4-15所示。

图4-12　　　　　图4-13　　　　　图4-14　　　　　　　图4-15

（8）将"矩形"图层的填充颜色更改为R=197、G=255、B=39，如图4-16所示。

（9）使用鼠标右键将"矩形"图层拖曳至"图层1"的最下层，如图4-17所示，效果如图4-18所示。

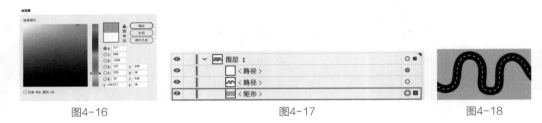

图4-16　　　　　　　　　图4-17　　　　　　　　　　　图4-18

（10）选中深色路径图层，按Ctrl+C组合键复制路径，再按Ctrl+V组合键粘贴路径，按照上面的方法将新复制的路径的描边颜色更改为白色，将描边宽度修改为220pt，并将其拖曳至下层，如图4-19所示，效果如图4-20所示。

图4-19　　　　　　　　　　　　　图4-20

（11）使用同样的方法复制深色路径图层，将描边颜色更改为R=198、G=198、B=198，如图4-21所示。

（12）将描边宽度调整为240pt，并将其拖曳至下层，作为马路的阴影，如图4-22所示，效果如图4-23所示。

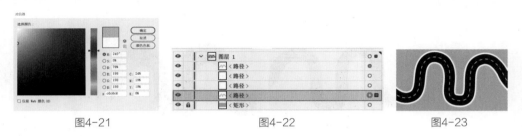

图4-21　　　　　　　　　图4-22　　　　　　　　　　　图4-23

2.　绘制草丛和阴影

（1）使用"铅笔工具"（见图4-24）绘制草丛，关闭描边，设置填充颜色为R=128、G=206、B=27，如图4-25所示，效果如图4-26所示。

（2）按Ctrl+C、Ctrl+V组合键复制并粘贴草丛图层，更改填充颜色为R=168、G=255、B=44，如图4-27所示。

图4-24　　　　图4-25　　　　图4-26　　　　图4-27

（3）选择"自由变换工具"，将鼠标指针移动至草丛边缘，按住Shift键，单击鼠标右键并拖曳，将当前图层调整至合适的大小，然后移动至合适的位置，如图4-28所示。

（4）使用"铅笔工具"继续绘制草丛，如图4-29所示。

（5）选中路径后更改填充颜色为$R=163$、$G=237$、$B=33$，如图4-30所示，效果如图4-31所示。

图4-28　　　　图4-29　　　　图4-30　　　　图4-31

（6）使用"铅笔工具"绘制草丛细节，如图4-32所示。

（7）选中路径后更改填充颜色为$R=234$、$G=162$、$B=36$，如图4-33所示，效果如图4-34所示。

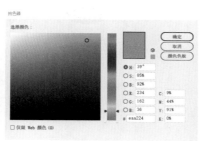

图4-32　　　　图4-33　　　　图4-34

（8）使用"铅笔工具"继续绘制草丛细节，如图4-35所示。

（9）选中路径后更改填充颜色为$R=255$、$G=255$、$B=0$，如图4-36所示，效果如图4-37所示。

图4-35　　　　图4-36　　　　图4-37

（10）按住Shift键，在"图层"面板中选中所有与草丛有关系的图层，如图4-38所示。

（11）按Ctrl+G组合键将选中的图层编组，如图4-39所示。

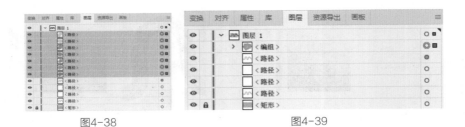

图4-38　　　　　　　　　　　　　图4-39

（12）选中编组后的图层，多复制几次，并改变复制图层的大小，将它们摆放到合适的位置，如图4-40所示。

（13）使用"铅笔工具"继续绘制草丛，如图4-41所示。

（14）选中路径后更改填充颜色为R=168、G=204、B=37，如图4-42所示。

图4-40　　　　　　　　　图4-41　　　　　　　　　图4-42

（15）将所有路径图层拖曳至所有编组图层的下层，如图4-43所示，效果如图4-44所示。

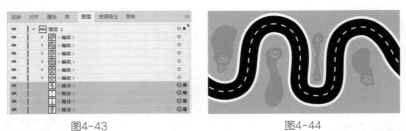

图4-43　　　　　　　　　　　　图4-44

 提示　对于场景中的花草，读者可以随机绘制，没有固定图案。

3. 绘制汽车顶视图

（1）使用"圆角矩形工具"绘制车顶，如图4-45所示。

（2）选择"直接选择工具"，使用此工具时图形的四角会出现边角构件，如图4-46所示。

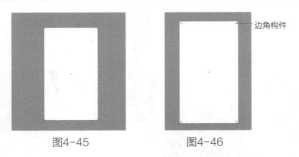

边角构件

图4-45　　　　　　　　　图4-46

如果没有显示边角构件，则可以执行"视图>显示边角构件"命令，如图4-47所示。

 提示

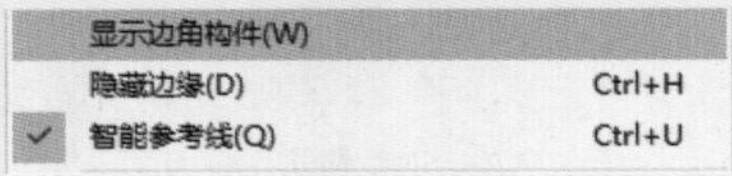

显示边角构件(W)	
隐藏边缘(D)	Ctrl+H
✓ 智能参考线(Q)	Ctrl+U

图4-47

（3）单击并向内拖曳边角构件，使4个圆角变圆滑，如图4-48所示。

（4）选中"矩形"图层，设置填充颜色为R=41、G=140、B=170，如图4-49所示，并将描边关闭，效果如图4-50所示。

（5）使用"椭圆工具"绘制前车灯，并为车灯填充白色，如图4-51所示。

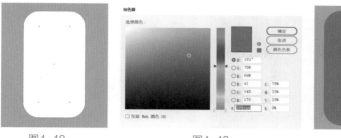

图4-48　　　　　　　　　　图4-49　　　　　　　　　图4-50　　　　　图4-51

（6）使用"自由变换工具"旋转车灯，并将其摆放至合适的位置，如图4-52所示。

（7）在"图层"面板中选中"椭圆""矩形"两个图层，如图4-53所示。

（8）选择"形状生成器工具"，按住Alt键，单击减去不需要的部分，如图4-54所示。

（9）使用同样的方法编辑右侧的前车灯，如图4-55所示。

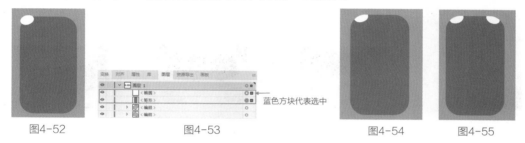

图4-52　　　　　　　　　图4-53　　　　　　　　图4-54　　　　　图4-55

（10）使用"圆角矩形工具"绘制一个圆角矩形，并为其填充黑色，如图4-56所示。

（11）选择"透视扭曲工具"，分别单击圆角矩形上方的两个角并拖曳，修改其形状，如图4-57所示。

（12）使用"钢笔工具"在形状的上下两条长边的中点处单击，各添加一个控制点，如图4-58所示。

图4-56　　　　　　　图4-57　　　　　　　图4-58

（13）向上拖曳上边的控制点，如图4-59所示。

 提示　拖曳的距离越大，形成的弧度越大。

（14）拖曳后会出现边角控件，单击并向下拖曳使其变圆滑，如图4-60所示。

（15）向上拖曳下边的控制点，使用同样的方法使其变圆滑，如图4-61所示。

图4-59　　　　　　　图4-60　　　　　　　图4-61

（16）将图形移动到汽车前窗的位置，使用"自由变换工具"调整其大小，如图4-62所示。

（17）使用同样的方法制作汽车侧窗和后窗，调整它们的大小并摆放至合适的位置，如图4-63所示。

（18）使用制作前车灯的方法制作后车灯，并为其填充红色，如图4-64所示。

图4-62　　　　　　　图4-63　　　　　　　图4-64

（19）复制两层后车灯图层，打开描边，关闭填充，将描边颜色设置为*R*=242、*G*=242、*B*=242，如图4-65所示。

（20）将描边宽度修改为10pt，效果如图4-66所示。

（21）将刚制作的描边和红色后车灯图层重合，如图4-67所示。

（22）框选后车灯和白边图层，选择"形状生成器工具"，按住Alt键，单击以减去不需要的部分，如图4-68所示。

  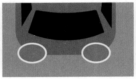 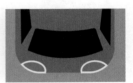

图4-65　　　　　　图4-66　　　　　　图4-67　　　　　　图4-68

 提示　如果发现描边过宽，则可以选中描边图层，然后修改描边宽度，本案例调整为4pt，效果如图4-69所示。

图4-69

（23）使用"圆角矩形工具"绘制轮胎，将其摆放到合适的位置，如图4-70所示。

（24）在"图层"面板中将轮胎图层移动至车身的下层，如图4-71所示。

（25）使用"椭圆工具"绘制椭圆，为其填充车身的颜色，如图4-72所示。

图4-70　　　　　　　图4-71　　　　　　　图4-72

 提示　如果要填充已有的颜色，则可以使用"吸管工具"单击以吸取颜色，从而确保颜色的准确性。

（26）使用"矩形工具"在椭圆形上层绘制矩形，为了便于区分，这里为其填充白色，如图4-73所示。

（27）将上下两个图层选中，选择"形状生成器工具"，按住Alt键，单击以减掉不需要的部分，如图4-74所示。

（28）选择"自由变换工具"，调整图形的角度和位置，用于模拟倒车镜，如图4-75所示。

（29）选中倒车镜图层，单击鼠标右键，在弹出的快捷菜单中执行"变换>镜像"命令，如图4-76所示。

（30）在弹出的对话框中单击"复制"按钮，如图4-77所示。

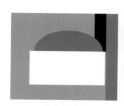
图4-73

图4-74

图4-75

图4-76

图4-77

（31）将镜像复制出来的图层移动至右侧，至此，一辆汽车绘制完毕，如图4-78所示。

 其他车辆的绘制过程与此类似，读者可以使用相同的方法绘制出不同类型的车辆来丰富场景。

（32）将绘制好的汽车摆放至场景中合适的位置，如图4-79所示。

图4-78

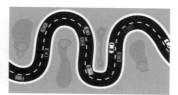
图4-79

4. 整理图层

（1）在"图层"面板中选中总图层，单击右侧的■按钮，执行"释放到图层（顺序）"命令，如图4-80所示。

（2）选中除"图层1"之外的所有图层，单击并拖曳至最上层，将所有图层分离出来，如图4-81所示。

 将图层分离出来非常重要，只有这样才能以图层的模式将素材导入After Effects，并保留图层间的关系，否则导入后没有分层文件。

（3）重命名所有图层，如图4-82所示。

图4-80

图4-81

图4-82

提示 因为当图层从总图层中分离出来后，之前的名称会消失，所以需要为其重新命名。为图层重命名也可以在After Effects中进行。

5. 将Illustrator文件导入After Effects

（1）启动After Effects 2021，执行"合成>新建合成"命令，在弹出的"合成设置"对话框中设置"合成名称"为"合成"，"预设"为HDTV 1080 25，大小为1920px×1080px，取消勾选"锁定长宽比为16：9（1.78）"复选框，设置"像素长宽比"为"方形像素"，"帧速率"为25帧/秒，"分辨率"为"完整"，"持续时间"为10秒，"背景颜色"为黑色，如图4-83所示，单击"确定"按钮。

（2）导入在Illustrator中制作的素材，在弹出的对话框中将"导入为"设置为"合成-保持图层大小"，单击"导入"按钮，如图4-84所示。

（3）"项目"面板中会显示以合成形式出现的文件，如图4-85所示。

（4）双击"路径动画"合成，"时间轴"面板中会显示出其中的所有图层，如图4-86所示。

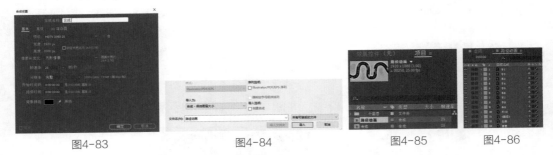

图4-83　　　　　　　　　　图4-84　　　　　　　　　　图4-85　　　　　　　图4-86

（5）检查图层的有效性及其层级关系是否正确，单击每个图层最左侧的显示图标可查看图形，如图4-87所示。

（6）将行进方向一致的车辆图层选中，在图层左侧的色块上单击鼠标右键，在弹出的快捷菜单中更改颜色为"红色"，如图4-88所示，这样行进方向一致的车辆就能区分出来了。

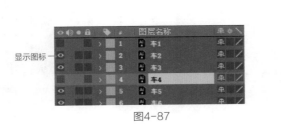

图4-87

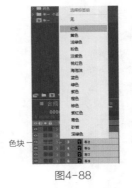

图4-88

6. 导入路径并制作动画

（1）将在Illustrator中绘制的公路路径选中，将描边关闭，按Ctrl+C组合键复制路径，如图4-89所示。

 提示 复制原图的好处在于可以保证路径的准确性，稍加修改即可使用，用户也可以根据实际情况手动绘制路径。

（2）在After Effects中新建形状图层，更改图层名称为"路径"，如图4-90和图4-91所示。

图4-89   图4-90   图4-91

（3）选中"路径"图层，按Ctrl+V组合键将复制的路径粘贴至此图层，效果如图4-92所示。

（4）调整路径的位置，使路径与公路的形状匹配，如图4-93所示。

（5）选中"路径"图层，展开图层属性，再展开"蒙版1"属性，选择"蒙版路径"属性，如图4-94所示，按Ctrl+C组合键复制路径。

复制过来的路径

图4-92   图4-93   图4-94

（6）选中"车1"图层，按P键打开"位置"属性，再按Ctrl+V组合键粘贴路径，如图4-95所示。

图4-95

（7）观察画面效果，发现车头方向并不是这条车道上车的行进方向，如图4-96所示。

（8）选中"车1"图层，单击鼠标右键，在弹出的快捷菜单中执行"变换>自动定向"命令，如图4-97所示。

（9）在弹出的对话框中选择"沿路径定向"单选项，单击"确定"按钮，如图4-98所示。

（10）选中所有关键帧，单击鼠标右键，在弹出的快捷菜单中执行"关键帧辅助>时间反向关键帧"命令，如图4-99所示。

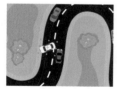

图4-96   图4-97   图4-98   图4-99

（11）选中"车1"图层，按R键打开"旋转"属性，将车头的方向旋转为正确的行进方向，如图4-100和图4-101所示。

（12）播放动画，发现车行进的路线有些问题，需要修改路径。选中"车1"图层，路径就会显示出来，如图4-102所示。

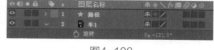

图4-100

（13）调整路径的形状，如图4-103所示。

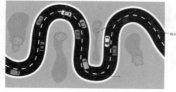

图4-101   图4-102   图4-103

（14）播放动画，发现车的行驶速度有些快，需要调整车速。选中所有关键帧，按住Alt键单击最后一个关键帧，将其向右侧拖曳至第170帧的位置，如图4-104所示。

（15）选中所有关键帧，按Ctrl+C组合键复制关键帧，打开"车2"图层的"位置"属性，按Ctrl+V组合键粘贴关键帧，如图4-105所示。

图4-104　　　　　　　　　　　　　　　　　　图4-105

（16）选中"车2"图层，单击鼠标右键，在弹出的快捷菜单中执行"变换>自动定向"命令，如图4-106所示。

（17）在弹出的对话框中选择"沿路径定向"单选项，单击"确定"按钮，如图4-107所示。

图4-106　　　　　　　　　　　　图4-107

（18）选中"车2"图层，按R键打开"旋转"属性，如图4-108所示，将车头的方向旋转为正确的行进方向，如图4-109所示。

图4-108　　　　　　　　　　　　图4-109

（19）选中"车2"图层，在"时间轴"面板右侧将其向右拖曳，使其与其他图层错开，如图4-110所示。

（20）使用同样的方法为"车5""车7""车9"图层制作动画，再将它们错开，如图4-111所示，效果如图4-112所示。

图4-110　　　　　　　　　图4-111　　　　　　　　图4-112

（21）复制"车1"图层的关键帧，再选中"车3"图层，按P键显示"位置"属性，如图4-113所示，将关键帧粘贴至此处，如图4-114所示。

图4-113　　　　　　　　　　　　　　　　　图4-114

（22）播放动画，发现"车3"的动画与"车1"重合，选中"车3"图层的关键帧，单击鼠标右键，在弹出的快捷菜单中执行"关键帧辅助>时间反向关键帧"命令，如图4-115所示。

（23）调整"车3"的路径，如图4-116所示。

图4-115　　　　　　　　　　　　图4-116

（24）按R键打开"旋转"属性，调整"车3"的车头方向，如图4-117所示。

（25）使用相同的方法为其他车制作动画，如图4-118所示。至此，汽车弯道行驶动画制作完毕，效果如图4-119所示。

图4-117　　　　　　　　　　图4-118　　　　　　　　　图4-119

4.2　遮罩动画

4.2.1　遮罩的概念

　　遮罩动画是After Effects中一个很重要的动画类型，很多效果丰富的动画都是通过遮罩来完成的。遮罩即遮挡、遮盖，遮挡部分图像内容，并显示特定区域内的图像内容，相当于一个窗口。因此，为了得到特殊的显示效果，可以在遮罩图层上创建一个任意形状的"视窗"，遮罩图层下层的对象可以透过该"视窗"显示出来，而"视窗"之外的对象将不会显示。例如，手机的屏幕就相当于一个窗口，如图4-120所示。

　　遮罩实际上是一个路径或者轮廓图，用于修改图层的Alpha通道。通常情况下，After Effects 中的图层均采用Alpha通道来合成。对于运用了遮罩的图层，将只有遮罩内的图像才会显示在合成图像中。遮罩在设计中使用广泛，例如，可以用来"抠"出图像中的一部分，从而仅显示被"抠"出的部分图像，如图4-121所示。

图4-120　　　　　　　　　　　　图4-121

4.2.2　建立遮罩

　　建立遮罩的方法是：新建一个形状图层，然后使用各种形状工具或"钢笔工具"在"合成"面板中直接绘制形状路径，如图4-122所示。

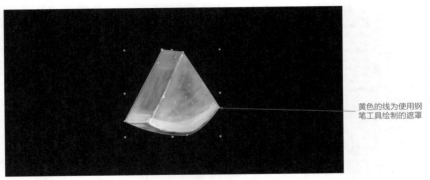

黄色的线为使用钢笔工具绘制的遮罩

图4-122

> 资源位置

 素材文件 素材文件>CH04>案例：制作手机遮罩动画

实例文件 实例文件>CH04>案例：制作手机遮罩动画.aep

 微课视频

本案例讲解应用遮罩制作滑动手机屏幕的动画，完成后的效果如图4-123所示。

图4-123

1. 新建合成

启动After Effects 2021，执行"文件>新建>新建项目"命令，再执行"合成>新建合成"命令，新建一个合成，如图4-124所示。

2. 导入素材

（1）创建纯色图层并命名为"背景"，将"颜色"设置为$R=19$、$G=210$、$B=230$，如图4-125所示。

（2）将手机素材导入After Effects中，如图4-126所示。

图4-124 图4-125

图4-126

3. 设置动画

（1）选中"右手"图层，将时间指示器移动至第1帧的位置，按P键打开"位置"属性，单击"位置"属性左侧的秒表图标，添加关键帧，如图4-127所示。再将时间指示器移动至第15帧的位置，调整"位置"的x轴数值，让右手向左移动，效果如图4-128所示。

图4-127

图4-128

（2）选中新添加的两个关键帧，按F9键将运动类型设置为缓动，单击"图表编辑器"按钮，在"图表编辑器"面板中调整曲线形状，如图4-129所示。

图4-129

4. 设置其他图层动画

（1）导入"骑车""跑步"动画素材，调整它们的大小并将它们移动至合适的位置，如图4-130和图4-131所示。

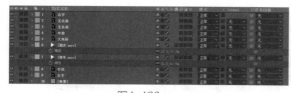

图4-130

图4-131

（2）创建一个形状图层，将其命名为"遮罩层"，选择"钢笔工具"，按照手机屏幕的大小绘制遮罩形状，将"遮罩层"调整至"骑车"图层的上层，将"骑车"图层的遮罩模式修改为"Alpha遮罩'遮罩层'"，如图4-132所示。

将上层的形状设
置为下层的遮罩

图4-132

（3）使用同样的方法，在"跑步"图层上方添加一个"遮罩层2"，如图4-133所示，效果如图4-134所示。

图4-133　　　　　　　　　　图4-134

 提示　遮罩的作用是遮挡，超出其显示范围的内容不会显示出来。

（4）制作骑车动画，以匹配右手滑动动作的位移动画，最终效果如图4-135和图4-136所示。

图4-135　　　　　　　　　　图4-136

4.3　表达式动画

4.3.1　表达式的概念

为什么要学习表达式动画？当我们想创建和链接复杂的动画，又不想手动创建很多关键帧时，就可以使用表达式，表达式作为一个规则，可以极大简化手动操作的步骤。例如，制作一个盒子从屏幕左边移动到屏幕右边的动画很简单，直接为它的"位移"属性做动画就可以了。可是如果要使盒子既左右移动又晃动呢？可以用关键帧动画来做，但会耗费很多时间，这时候表达式就派上用场了。表达式语言基于标准的计算机语言，如图4-137所示，因此了解基础的计算机语言是很有必要的。表达式可以使大型项目的制作过程变得轻松。

图4-137

4.3.2　使用表达式的意义

1. 节省时间和快速创建动画

使用表达式可以让一些操作自动化（如摆动、跳动等）。这会节省大量时间，不必为每个动作创建新的关键帧。

2. 链接不同的属性

使用表达式可以链接不同的属性，如跨合成的"旋转"和"位置"属性。这样的链接可帮助用户创建不同的动画，而无须为每个动画编写不同的表达式。

3. 控制多个图层并创建复杂动画

使用"关联器"功能，可以轻松地用一些控件驱动多个动画以创建复杂的动画，使用其他功能则需要进行更多的操作。

4. 创建动画图形和图表

使用表达式可以快速创建动画和运动信息图，如动态的世界地图和指示不同国家/地区污染指数的动态条形图。

4.3.3 表达式的应用

1. 表达式的创建

创建表达式有以下两种方法。

（1）选中图层，单击要制作动画的属性，执行"动画>添加表达式"命令，如图4-138所示，被选中属性的右侧会出现表达式输入框，如图4-139所示。

（2）选中图层，按住Alt键，单击要制作动画的属性左侧的秒表图标，属性右侧会显示表达式输入框，如图4-140所示。

按住 Alt 键单击秒表图标　　　　　表达式输入框

图4-138　　　　图4-139　　　　　　　　　图4-140

⚙ 功能介绍

- 启用表达式 ▤：此图标为蓝色时表示表达式处于启用状态。
- 表达式图表 ∿：在"图表编辑器"面板中显示图表。
- 表达式关联器 ◉：将表达式关联到其他属性，类似于父子连接器。
- 表达式语言菜单 ▶：用于设置表达式语言。

2. After Effects中常用的表达式

After Effects中常用的表达式如下。

（1）摆动表达式：使对象随机摆动，如图4-141和图4-142所示。

wiggle（摆动）　　2代表速度，
　　　　　　　　20代表振幅

图4-141　　　　　　　　　　　　　　图4-142

> 提示
>
> 表达式：wiggle(2,20)
> 从效果可以看出wiggle括号中的数值并不代表*x*轴和*y*轴的值，而是指速度和振幅，这也是很多读者容易出错的一点。
> 所有表达式都必须在英文输入法下输入，包括字符、括号等。

（2）轴定向表达式：使对象在x轴（或y轴）方向上按表达式运动，并在y轴（或x轴）方向上按固定值不动，如图4-143和图4-144所示。

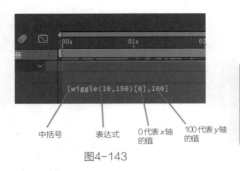

中括号　　表达式　　0代表x轴　　100代表y轴
　　　　　　　　　　的值　　　　的值

图4-143

图4-144

提示　表达式：[wiggle(10,150)[0],100]
从图4-143和图4-144中可以看出，对象在y轴上并没有发生改变，改变的只是x轴，而对象在x轴上的运动是由摆动表达式控制的。

（3）随机表达式：使对象在一定范围内随机运动，如图4-145和图4-146所示。

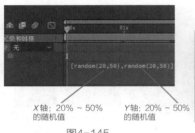

X轴：20% ～ 50%　　　Y轴：20% ～ 50%
的随机值　　　　　　　的随机值

图4-145

图4-146

提示　表达式：[random(20,50),random(20,50)]
从表达式中可以看出，随机表达式必须同时影响两个参数，即要输入两组随机值才能成立。

（4）时间表达式：使对象按设定的时间运动，如图4-147和图4-148所示。

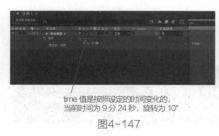

time值是按照设定的时间变化的，
当前时间为9分24秒，旋转为10°

图4-147

图4-148

提示　表达式：time
从表达式中可以看到time值和设定的合成时间相等，运动的速度比较慢，因此可以修改为time的倍数，例如time*2。

80

4.3.4　案例：制作文字抖动效果

本案例讲解使用表达式制作文字抖动效果的方法，完成后的效果如图4-149所示。

1. 新建合成

启动After Effects 2021，执行"文件>新建>新建项目"命令，再执行"合成>新建合成"命令，新建一个合成，如图4-150所示。

图4-149

图4-150

2. 设置纯色背景

在"时间轴"面板的空白处单击鼠标右键，在弹出的快捷菜单中执行"新建>纯色"命令，设置纯色背景的颜色为R=44、G=133、B=255，如图4-151至图4-153所示。

图4-151

图4-152

图4-153

3. 创建文本图层

选择"横排文字工具" ，输入"AFTER EFFECTS"，设置字体大小为160像素，字体为Integral CF，颜色为白色，然后居中对齐文本，如图4-154所示，效果如图4-155所示。

图4-154

图4-155

4．添加动画属性

（1）选中文字图层，展开该图层的属性，单击"动画"右侧的 ▶ 图标，执行"位置"命令，如图4-156所示。

（2）单击"动画"右侧的 ▶ 图标，执行"旋转"命令，如图4-157和图4-158所示。

图4-156 　　　　　　　　 图4-157 　　　　　　　　 图4-158

（3）单击"添加"右侧的 ▶ 图标，执行"选择器>摆动"命令，如图4-159和图4-160所示。

图4-159 　　　　　　　　　　 图4-160

5．设置动画

（1）在起始帧处调整"位置"属性的y轴数值为30，如图4-161所示，效果如图4-162所示。

图4-161 　　　　　　　　　　 图4-162

（2）调整"旋转"为0x+20°，如图4-163所示，效果如图4-164所示。

图4-163 　　　　　　　　　　 图4-164

（3）展开"摆动选择器1"，调整"摇摆/秒"为3，如图4-165所示，效果如图4-166所示。

图4-165 　　　　　　　　　　 图4-166

（4）展开"更多选项"，调整"分组对齐"的y轴数值为20%，如图4-167所示，效果如图4-168所示。

图4-167 　　　　　　　　　　 图4-168

6. 添加点缀效果

（1）添加文字"ADOBE"，调整其大小，按照之前的方法打开其"位置"属性，为"位置"属性添加表达式"wiggle(5,6)"，并将"旋转"修改为-0x13°，如图4-169所示，效果如图4-170所示。

图4-169 　　　　　　　　　图4-170

（2）添加文字"Illustrator"，调整其大小，同样按照之前的方法打开其"位置"属性，将其y轴数值修改为20，如图4-171所示。

（3）添加摆动选择器，如图4-172所示。

图4-171　　　　　　　　　图4-172

（4）添加文字"Photoshop"，按照同样的方法打开其"位置""缩放"属性，根据需要的效果修改参数，如图4-173所示，效果如图4-174所示。

图4-173　　　　　　　　　图4-174

（5）创建形状图层，绘制一些形状并随机摆放，如图4-175所示。

（6）使用同样的方法为形状添加动画属性，最终效果如图4-176所示。

图4-175　　　　　　　　　图4-176

4.4　课堂案例：制作箭射盾动画

> 资源位置

素材文件　素材文件>CH04>课堂案例：制作箭射盾动画

实例文件　实例文件>CH04>课堂案例：制作箭射盾动画.aep

微课视频

本案例讲解应用动画属性制作箭射盾动画的方法，完成后的效果如图4-177所示。

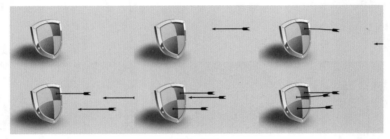

图4-177

4.4.1　导入素材

（1）启动After Effects 2021，执行"文件>新建>新建项目"命令，再执行"合成>新建合成"命令，新建一个合成，如图4-178所示。

（2）在"项目"面板的空白处双击，打开"导入文件"对话框，导入本案例提供的盾牌文件，如图4-179所示，效果图4-180所示。

图4-178

图4-179

图4-180

（3）添加纯色图层，设置"颜色"为R=212、G=212、B=212，"名称"为"背景"，如图4-181所示，效果图4-182所示。

图4-181

图4-182

4.4.2　制作盾牌效果

（1）将盾牌复制一层并重命名为"阴影"，选择"向后平移（锚点）工具"，将中心点移动至盾牌下端的尖角处，按R键，对其进行旋转，如图4-183所示，然后隐藏"盾牌"图层。

（2）选中"阴影"图层，单击鼠标右键，在弹出的快捷菜单中执行"效果>模糊和锐化>

高斯模糊"命令，如图4-184所示为"阴影"图层添加高斯模糊效果，如图4-185所示，效果如图4-186所示。

图4-183

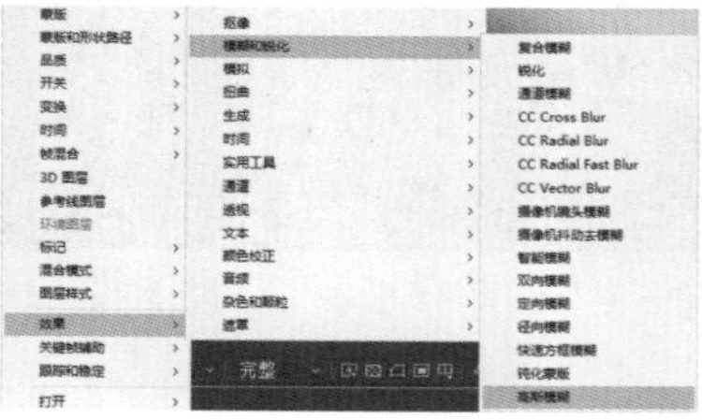

图4-184

图4-185

图4-186

（3）在"阴影"图层上单击鼠标右键，在弹出的快捷菜单中执行"效果>颜色校正>色阶"命令，将阴影调黑，如图4-187至图4-189所示。

图4-187 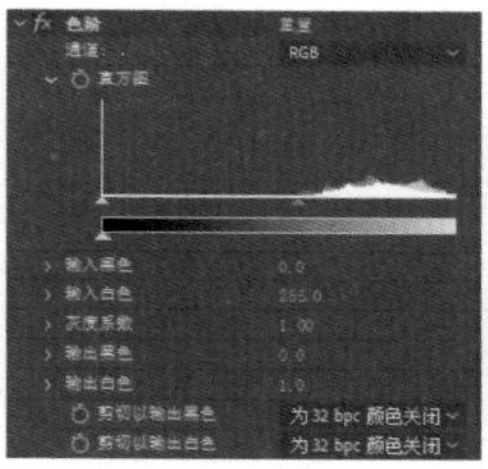　　　　　　　　　图4-188　　　　　　　　　图4-189

（4）将"盾牌"图层显示出来，发现阴影的效果并不理想，如图4-190所示。

（5）修改阴影的角度。选中"阴影"图层，单击鼠标右键，在弹出的快捷菜单中执行"效果>扭曲>边角定位"命令，如图4-191所示，修改相关参数并移动阴影，如图4-192所示，效果如图4-193所示。

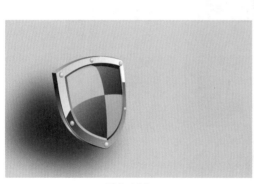

图4-190

图4-191

图4-192   图4-193

4.4.3 制作箭

使用"钢笔工具"绘制箭，将对应图层重命名为"箭"并填充黑色，关闭描边，如图4-194所示，效果如图4-195所示。

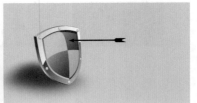

图4-194   图4-195

4.4.4 制作箭动画

（1）将时间指示器移动至起始帧处，按P键打开"位置"属性，更改其x轴数值，使弓箭位于画面外，如图4-196所示。

图4-196

（2）将时间指示器移动至第5帧的位置，修改"位置"的x轴数值，使弓箭飞入画面并扎到盾牌上，如图4-197所示，效果如图4-198所示。

图4-197

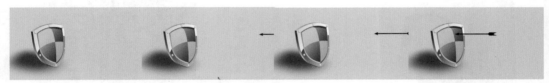

图4-198

（3）在"时间轴"面板的空白处单击鼠标右键，在弹出的快捷菜单中执行"新建>形状图层"命令，新建一个"遮罩层"图层，如图4-199所示。

图4-199

（4）使用"钢笔工具"为弓箭绘制遮罩，如图4-200所示。

 提示　遮罩的形状没有要求，目的是遮住箭头，以模拟弓箭扎入盾牌的效果。

（5）将"弓箭"图层的遮罩模式设置为"Alpha反转遮罩'遮罩层'"，如图4-201所示，效果如图4-202所示。

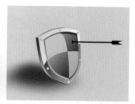

图4-200　　　　　　　　　　　图4-201　　　　　　　　　　　图4-202

 提示　Alpha可以理解为图形的轮廓，遮罩可以理解为遮挡，正常情况下是用Alpha图形遮挡下层的图形，显示被遮挡的部分，不显示未被遮挡的部分；而反转是显示没有被遮挡的部分，不显示被遮挡的部分。

（6）选中"弓箭"图层，单击鼠标右键，在弹出的快捷菜单中执行"效果>扭曲>CC Bend It（弯曲）"命令，如图4-203所示，并设置相关参数，如图4-204所示。

图4-203　　　　　　　　　　　　　　图4-204

（7）将时间指示器移动至起始帧处，分别为"Start""End"添加关键帧，如图4-205所示。

图4-205

（8）将时间指示器移动至第5帧的位置，修改"Start""End"的值，系统将自动添加关键帧，如图4-206所示。

图4-206

 "Start" "End" 的取值可以理解为显示范围，超出该范围的内容不显示，所以需要为这两个属性制作关键帧动画。

（9）为Bend（弯曲）制作上下摆动动画，以模拟弓箭的弯曲，如图4-207所示，效果如图4-208所示。

图4-207

图4-208

（10）复制"弓箭"图层和"遮罩层"图层，将它们摆放到不同的位置，如图4-209所示。

（11）将复制的"弓箭"图层的关键帧错开，调整其速度，如图4-210至图4-212所示。

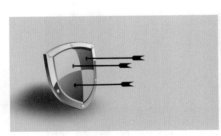

图4-209

图4-210

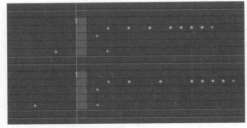

图4-211

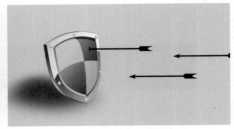

图4-212

MG动画设计案例教程（全彩微课版）

> **资源位置**

素材
文件 　素材文件>CH04>课后习题：制作钟表运行动画

实例
文件 　实例文件>CH04>课后习题：制作钟表运行动画.aep

微课
视频

　　根据本章所学内容，应用表达式的相关知识制作钟表运行动画，完成后的效果如图4-213所示。

图4-213

设计思路

① 导入素材，如图4-214所示。
② 用时间表达式控制时针和分针的运动，如图4-215所示。

图4-214

图4-215

❸ 分针运动的表达式如图4-216所示。

图4-216

 因为分针转一圈是360°，360°除以12等于30°，所以表达式就为"time*30"。

❹ 时针运动的表达式如图4-217所示。

图4-217

 时针转一格，分针转一圈，即分针的转速是时针的12倍，30除以12等于2.5，因此表达式就为"time*2.5"。

第 **5** 章

常用的脚本和插件

脚本和插件的作用其实就是使复杂的问题简单化，它们有时候可以极大地帮助我们减少工作量，甚至实现人工无法实现的效果。After Effects中默认只有一些简单的特效脚本和插件，如果需要实现更多的特效，就需要从第三方下载并安装对应的脚本和插件。

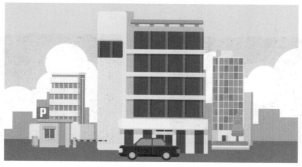

5.1 Motion 2 脚本

Motion 2是由MT.MOGRAPH设计的一套脚本工具，具有丰富的功能，例如，可用于制作弹动、反弹、反射线、拖尾等MG动画中的常见特效，有重置轴心的功能，还可以用于制作关键帧的缓入缓出动画。Motion 2有20个强大的工具，用户可以手动创建关键帧，或者让系统自动设置关键帧。Motion 2的目标是创建一个"MG动画助手"，帮助动画设计师完成设计项目。

5.1.1 Motion 2的工作界面

Motion 2的工作界面如图5-1所示。

执行"窗口 > Motion 2.jsx"命令，如图5-1所示，打开"Motion 2"面板，主界面包含了切换中心点、曲线、回弹等工具，非常直观，方便使用，如图5-2所示。

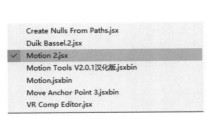

图5-1　　　　　　　　　　　　　图5-2

5.1.2 Motion 2的功能

Motion 2的切换中心点工具如图5-3所示。任意绘制一个图形后，会发现其中心点并不是图形本身的几何中心点，如图5-4所示。选中这个图形，单击"Motion 2"面板中的中心点按钮，即可改变图形中心点的位置，如图5-5所示。

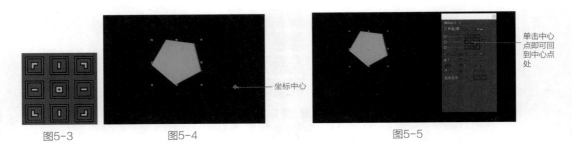

图5-3　　　　　　　图5-4　　　　　　　　　　　　　　图5-5

Motion 2的曲线工具如图5-6所示。拖动滑块可以调整速度曲线，3个滑轨分别代表"慢 > 快""渐快 > 渐慢""快 > 慢"，将滑块越往右拖，效果越强烈，如图5-7所示。Motion 2的功能区如图5-8所示。

图5-6

图5-7

图5-8

基本功能介绍

- 头尾帧：选中头尾帧，选择此效果，可以制作惯性回弹效果；可以在"效果控件"面板中修改回弹力道、次数等来调整其效果。
- 平滑：将选中帧的参数平均混合，让原本极端的帧数值变得较为合理，可以控制平滑程度、混合程度等参数。
- 爆炸：可以生成一个有很多控制选项的爆炸效果图层，可以为高度、描边颜色、角度、随机距离等分别制作动画。
- 复制帧：通常同时选中两个以上图层的帧进行复制粘贴操作时会变成复制图层，而不是复制帧，用"复制帧"功能可以同时复制多个帧。
- 回弹：用于模拟对象撞上屏障后回弹的效果，可以制作落地或者碰撞动效。
- 批命名：可以批量重命名。
- 空图层：创建一个新的空图层，用于同时控制选择的所有图层。
- 圆周：以一个形状为中心点，其他图层以此中心点为圆心做环绕运动，可调整速率、距离和方向。
- 点线：将选中的两个图层用线连起来，可调整线的粗细、颜色。需要注意的是，生成的图层位于最底层，如果设定了背景图层，则可能会被遮挡。
- 拖尾：使在物体移动时具有拖尾效果，可以调整拖尾效果的长度和宽度。
- 旋转：使物体自转，可以调整转动的速率、方向。
- 绑定：用于设定一个图层始终对着另一个图层，可以自定义角度。
- 垃圾桶：选择不需要的参数，单击垃圾桶图标可以直接将其删除。

其他功能介绍

- Null Size（#）：可以设置空图层的大小。
- Sort Folders：可以整理文件类型，如图5-9所示。
- 四角压暗与颜色裁切：可以为素材添加暗角与亮度对比效果，从而实现简单的调色处理，如图5-10至图5-12所示。

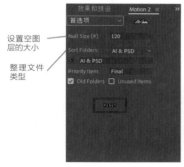

设置空图层的大小

整理文件类型

图5-9　　　　　　图5-10　　　　　　图5-11　　　　　　图5-12

- 图钉+：用于强化图钉功能，可以将"图钉工具"的锚点转换成空组进行操作，同时控制整个素材的移动，防止因移动素材而出现破图的现象，如图5-13至图5-15所示。

图5-13

图5-14

图5-15

5.1.3 案例：制作房屋生长弹性动画

> **资源位置**

| 素材文件 | 素材文件>CH05>案例：制作房屋生长弹性动画 |
| 实例文件 | 实例文件>CH05>案例：制作房屋生长弹性动画.aep |

本案例讲解运用Motion 2制作房屋生长弹性动画的方法，完成后的效果如图5-16所示。

图5-16

1. 导入素材

（1）启动After Effects 2021，执行"合成>新建合成"命令，在弹出的"合成设置"对话框中，设置"合成名称"为"合成"，选择"HDTV 1080 25"预设，设置"持续时间"为10秒，"背景颜色"为黑色，如图5-17所示，单击"确定"按钮。

（2）导入Illustrator文件，在"导入"对话框中将"导入为"设置为"合成-保持图层大小"，如图5-18所示，在新弹出的对话框中将"导入种类"设置为"合成"，如图5-19所示，导入的文件如图5-20所示。

图5-17

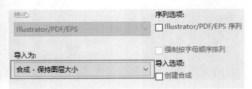
图5-18

图5-19　　　　　　　　　　　　　　　　图5-20

2. 整理素材

将素材导入场景后，检查素材是否完整是很有必要的。单击图层名称左侧的显示图标，查看图层顺序是否正确，并将需要制作动画的图层重新命名，如图5-21所示。

图5-21

 提示　检查素材的完整性非常重要，希望读者养成良好的工作习惯。

3. 制作动画

（1）将时间指示器移动至起始帧处，将除背景图层外的其他图层均移出画面，效果如图5-22所示。

（2）选中"绿化"图层和"停车场"图层，按P键显示"位置"属性，单击"位置"属性左侧的秒表图标，创建帧。将时间指示器移动至第12帧的位置，将"绿化"图层向右平移，将"停车场"图层向左平移，如图5-23和图5-24所示。

图5-22　　　　　　　　　　　　　图5-23

图5-24

 提示　K帧即Key帧，动画术语，意思是创建关键帧。

（3）选中"主楼"图层，如图5-25所示。按S键显示"缩放"属性，将"缩放"属性的比例约束功能关闭，此处只制作y轴上的缩放动画。将时间指示器移动至起始帧处，将"缩放"的y轴数值调整为0，K帧，再将时间指示器移动至第7帧的位置，将"缩放"的y轴数值修改为100。选中关键帧，在"Motion 2"面板中选择"回弹"效果，在"效果控件"面板中修改"回弹"效果的属性，将弹力修改为40，如图5-26所示。

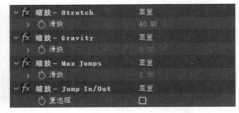

图5-25   图5-26

（4）按T键，将"主楼"图层的"不透明度"属性显示出来，将时间指示器移动至起始帧处，将"不透明度"改为0%，如图5-27所示；再将时间指示器移动至1秒的位置，将"不透明度"改为100%。

图5-27

（5）选中"左楼""右楼"两个图层，如图5-28所示。将时间指示器移动至起始帧处，按P键显示这两个图层的"位置"属性，K帧；再将时间指示器移动至7秒的位置，为这两个图层制作跳跃动画，如图5-29所示。在"Motion 2"面板中选择"头尾帧"效果，在"效果控件"面板中修改"头尾帧"效果的属性，如图5-30所示。

图5-28   图5-29   图5-30

（6）选中"地面"图层，将时间指示器移动至起始帧处，K帧；再将时间指示器移动至5秒的位置，将"地面"图层移动至原始位置，如图5-31所示，效果图5-32所示。选中两个关键帧，在"Motion 2"面板中选择"回弹"效果，在"效果控件"面板中将弹力值修改为60，如图5-33所示。

图5-31

图5-32   图5-33

（7）选中"云"图层，将时间指示器移动至起始帧处，按P键显示"位置"属性，K帧；将时间指示器移动至第8帧的位置，将云移入画面，如图5-34所示，效果图5-35所示。

图5-34

图5-35

（8）选中"背景房子"图层，将时间指示器移动至起始帧处，按S键显示"缩放"属性，将其约束比例功能关闭，此处只制作y轴上的缩放关键帧动画。0帧时y轴的"缩放"值为0%，第5帧时y轴的"缩放"值为100%，如图5-36所示，效果如图5-37所示。

图5-36

图5-37

（9）选中"车"图层，将时间指示器移动至起始帧处，按P键显示"位置"属性，K帧；再将时间指示器移动至2秒的位置，将车移动至左边，这样车就可以做从右到左的匀速运动，如图5-38所示，效果如图5-39所示。

图5-38

图5-39

（10）将"绿化""停车场""主楼""左楼""右楼""云"图层的运动模糊开关开启（总图层和单个图层的运动模糊开关都要打开），如图5-40所示，效果如图5-41所示。最终效果如图5-42所示。

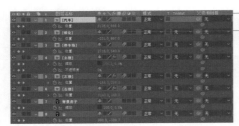

总图层的运动模糊开关

单个图层的运动模糊开关

图5-40

图5-41

图5-42

5.2 Newton插件

Newton（牛顿场）插件为After Effects提供了逼真的物理效果，让图层可以像物体一样相互作用，用户可以控制相关属性，如密度、摩擦力、弹性和速度；还可以改变世界属性，如重力。更重要的是，Newton允许在物体之间创建逼真的连接，因此可以借助Newton轻松创建复杂的运动。完成动画的模拟后，After Effects将用标准关键帧重新创建动画。

5.2.1 Newton的工作界面

Newton插件安装好后，执行"合成>Newton3"命令，如图5-43所示，打开"Newton"窗口，如图5-44所示。

牛顿场插件

图5-43

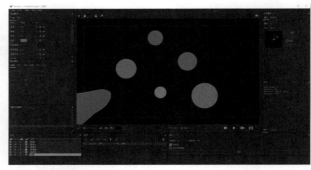

图5-44

Newton会将合成中的二维图层转换为物理对象（即"主体"），这些主体可以弹跳、滑行，彼此之间还会发生碰撞。在改变主体的属性之前，必须先选中主体。主体最重要的属性是"类型"，属性分为两种：一般和高级。一般属性的"样式"分为6种，如图5-45所示。

图5-45

⚙ 功能介绍

- 静态：主体本身不会动，但是会改变与其接触的其他物体的状态。
- 运动学：假设一个物体有关键帧位移动画，那么该物体会保留原有的位移动画，同时会对其他物体的位移产生影响，直到位移动画结束，然后受重力的作用而运动。
- 动态：主体的运动完全受重力作用影响。
- 休眠：物体默认不会运动，直到与其他物体发生碰撞。
- AEmatic（AE驱动模式）：主体有弹簧动画，像有弹簧在拉扯主体。
- 死：主体不参与动力学运算，但是可以添加关节。

5.2.2　Newton的功能

Newton的一般属性如图5-46所示。

⚙ 属性介绍

- 密度：可以看作物体的质量，其值越大，物体越重，与其他物体撞击时产生的初速度就越大，也就是撞得越"狠"；不过不影响物体的下落时间，因为在自由落体运动中，物体的速度和质量无关。
- 摩擦：需要注意的是，静态模式下的物体的默认摩擦力是10。
- 弹性：即使将其设置为0，物体在接触地面时也会产生很小的弹力。
- 颜色：只改变牛顿场中的颜色，与合成中的颜色无关。

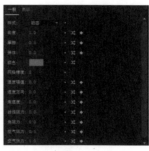

图5-46

- 网格精度：如果网格精度过低，Mask曲线就会变成线段，对于复杂的形状，建议尽可能地降低该数值。
- 速度幅值：用于设置初速度的大小。
- 速度方向：用于设置初速度的方向。
- 角速度：给图形一个自转的速度。
- 线性阻力：给线速度一个衰减值，可以视为线加速度。
- 角阻力：给角速度一个衰减值，可以视为角加速度。
- 空气阻力：其值越小，弹力越强，物体越难静止。
- 空气张力：其值越小，弹簧越长。

其高级属性如图5-47所示。

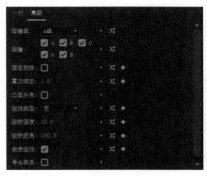

图5-47

⚙ 高级属性介绍

- 碰撞组：控制不同物体之间是否发生碰撞。
- 固定旋转：在计算力场时可能会出现旋转错误，此时可以选中这个复选框，以防止主体旋转。
- 重力缩放：这个功能用好了会很好玩，它可以让物体处于失重状态，或者像氢气球那样上升。
- 凸面外壳：可以将文字转换成封闭的对象，从而降低精度，提高运算速度；也可以绘制遮罩，从而提高运算速度。

- 磁性类型：包含吸引力、排斥力等，选择"吸引力"后，小球周围会出现一个红圈，表示吸引力范围；如果选择"排斥力"，箭头就会向外。
- 磁铁强度：用于设置磁铁的强度。
- 磁铁距离：用于设置能影响主体磁性的最大距离。

5.2.3 案例：制作火箭撞星球动画

> **资源位置**

素材 文件	素材文件>CH05>案例：制作火箭撞星球动画
实例 文件	实例文件>CH05>案例：制作火箭撞星球动画.aep

微课视频

本案例利用Newton插件模拟火箭撞击星球的效果，讲解Newton插件的应用方法，完成后的效果如图5-48所示。

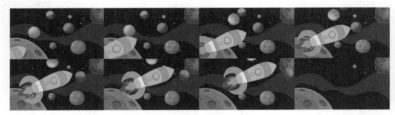

图5-48

1. 新建合成

启动After Effects 2021，执行"文件>新建>新建项目"命令，再执行"合成>新建合成"命令，在弹出的"合成设置"对话框中选择"HDTV 1080 25"预设，设置"持续时间"为5秒，"背景颜色"为黑色，如图5-49所示，单击"确定"按钮。

2. 导入素材

（1）将素材导入场景后，检查素材的完整性，单击图层名称左侧的显示图标 👁，查看图层顺序是否正确，并将需要制作动画的图层重新命名，如图5-50和图5-51所示。

图5-49

图5-50

图5-51

（2）导入素材后，需要将其简化。在星球的对应位置新建形状图层，用简单的形状代替星球，火箭也用相似大小的形状来模拟，如图5-52和图5-53所示。

图5-52　　　　　　　　　　　　　　　　图5-53

 提示　Newton插件只能应用于遮罩图层、对象的边框、形状图层和文字图层。

（3）选中所有模拟图形，按Ctrl+Shift+C组合键新建预合成，将其命名为"合成2"，如图5-54所示。

3. 设置火箭动画

（1）选中"合成2"图层，执行"合成>Newton"命令，打开"Newton"窗口，如图5-55所示。

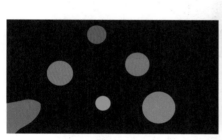

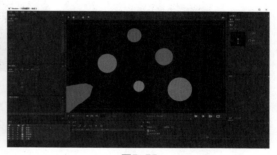

图5-54　　　　　　　　　　　　　　　图5-55

（2）单击火箭的代替图层，将"样式"修改为"动态"，将"网格精度"修改为8，如图5-56所示，调整重力的"震级"和"方向"，如图5-57所示。

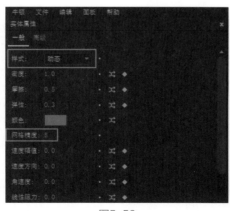

图5-56　　　　　　　　　　　　图5-57

 提示　可以单击并拖曳手柄来调整方向，线段越长震级越大。

（3）查看动画效果，发现场景中的所有物体都受重力影响向右飞了出去，如图5-58所示。而需要的效果是只有火箭撞击星球后，星球才运动，没撞击时星球不动。

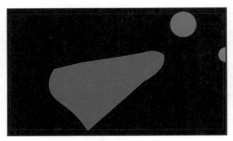

图5-58

4. 设置星球动画

（1）将所有星球的"样式"均设置为"休眠"，即被撞击后才能运动，根据星球的大小调整"密度"，如图5-59所示。

（2）单击"播放"按钮，查看动画效果，如图5-60所示。

图5-59

图5-60

（3）查看完毕，单击"渲染"按钮，生成关键帧动画，现在图层已经有了动画，将"合成2"中的动画关键帧复制到"合成1"对应的图层中，如图5-61至图5-63所示。

图5-61

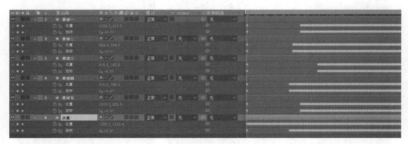

图5-62

图5-63

（4）完成本案例的制作，最终效果如图5-64所示。

图5-64

5.3 Duik脚本

Duik是一款动力学和动画脚本。它不但功能强大，而且可免费使用。其中的动画基本工具有：反向动力学、骨骼变形器、动态效果、自动骨骼绑定、图形学等。有了这个脚本，创建动画会变得更加容易和简单。Duik不仅有能模拟三维软件的动画控制器（骨骼、反向动力学），还拥有许多动画工具，如管理关键帧和插值、传统动画、动画曝光等，以及摆动、弹簧、滚轮等自动化功能，可以更快、更轻松地制作动画。Duik的全面性和易用性特点使其成了全球众多电影特效常用的脚本。更关键的是，Duik支持多种语言，用户只需要在设置中将语言切换成中文，就可以方便地使用这个脚本。

5.3.1 Duik的工作界面

为了使在After Effects中制作角色绑定动画的过程更加方便、快捷，Duik Bassel引入了与三维软件中的骨骼或关节绑定非常相似的工作流程，因此，绑定工具包含3个分类："骨架""链接和约束""控制器"。Duik Bassel.2安装好后，执行"窗口>Duik Bassel.2.jsx"命令将其打开，如图5-65和图5-66所示。

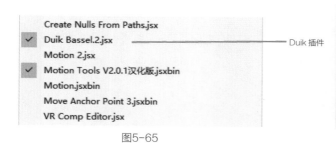

图5-65　　　　　　　　　　　　　　　图5-66

5.3.2 Duik的绑定功能

1. 骨架

创建骨骼并绑定，可以创建完整的人类角色的骨架结构、单个肢体（手臂、腿等），或自定义骨架的结构。除了完整的人形态骨架外，使用其他方式创建的骨架都有调整选项，如图5-67和图5-68所示。

| 图5-67 | 图5-68 |

2. 链接和约束

角色的控制器和骨架之间是通过各种属性间的约束关联的，如IK（反向动力学）约束、图钉的约束、形状和蒙版约束等。创建约束是在创建好骨架后，将多个骨架按照一定的方式与角色的肢体进行关联，并生成一个控制器的过程。骨架通过特定的约束来辅助用户快速完成动画的制作。"链接和约束"界面如图5-69所示。

图5-69

⚙ **功能介绍**

- 自动化绑定和创建反向动力学：主要用于绑定人形态骨架和用预定义的四肢（手臂和腿）创建的骨架。
- 连接器：连接器是与其他参数相关联的工具，类似父子关系。
- 动画混合器：通过图层上的标记来触发指定标记处的动画。
- 添加骨骼：是用于控制蒙版上的点的工具。
- 父子层约束：在存在父子关系的绑定中，提供了更多的设置参数。

3. 控制器

"控制器"属于辅助类工具，其作用是在制作角色动画时，方便编辑和管理动画。"控制器"越直观、越易于操作就越好，用户还可以根据需要改变其颜色或形状。"控制器"界面如图5-70所示。

其中有3种特殊的连接器，分别是单向连接器、双向连接器、角度连接器，用于连接属性或表达式。

图5-70

⚙ **功能介绍**

- 单向连接器 ：只能连接单一属性，可以理解为物体只能沿x轴或者y轴运动。
- 双向连接器 ：能同时连接两种属性。
- 角度编辑器 ：能连接"角度"属性。

5.3.3 案例：制作人物面部绑定动画

> **资源位置**

| 素材文件 | 素材文件>CH05>案例：制作人物面部绑定动画 |
| 实例文件 | 实例文件>CH05>案例：制作人物面部绑定动画.aep |

微课视频

MG动画设计案例教程（全彩微课版）

本案例讲解利用Duik脚本制作表情动画的方法，这是MG动画中必须掌握的知识点，完成后的效果如图5-71所示。

图5-71

1. 绘制人物

（1）启动Illustrator 2021，新建一个"网页-大"预设文件，尺寸为1920px×1080px，如图5-72所示。

（2）使用"椭圆工具"绘制人物头部，按住Shift键绘制圆形，设置填充颜色为$R=255$、$G=214$、$B=178$，如图5-73所示，绘制的人物头部如图5-74所示。

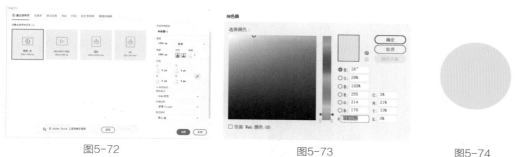

图5-72　　　　　　　　　　　图5-73　　　　　　　　　　图5-74

（3）开启描边，设置描边颜色为$R=56$、$G=24$、$B=0$，如图5-75所示，效果如图5-76所示。

（4）使用"圆角矩形工具"绘制人物脖子，如图5-77所示。

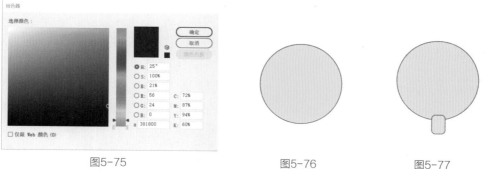

图5-75　　　　　　　　　图5-76　　　　　　　图5-77

（5）选中脖子图形，使用"透视扭曲工具"将其修改成上窄下宽的形状，如图5-78所示。

（6）选中头和脖子图形，单击"路径查找器"面板中的"联集"按钮，如图5-79所示，效果如图5-80所示。

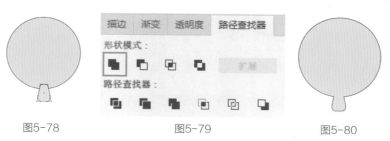

图5-78　　　　　　　　图5-79　　　　　　图5-80

（7）将描边宽度修改为2pt，效果如图5-81所示。

（8）使用"椭圆工具"绘制腮红，设置填充颜色为*R*=245、*G*=177、*B*=138，如图5-82所示，效果如图5-83所示。

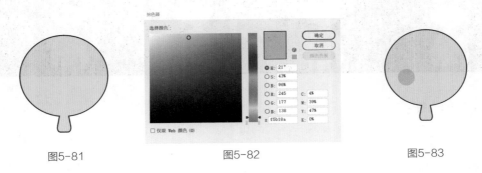

图5-81　　　　　　　　　　图5-82　　　　　　　　　　图5-83

（9）复制一层腮红并移动至右侧，在按住Alt键的同时单击并拖曳腮红图形至合适位置，如图5-84所示。

（10）绘制人物头发。使用"钢笔工具"绘制头发的形状，设置填充颜色为*R*=43、*G*=41、*B*=39，如图5-85所示，开启描边，设置描边宽度为2pt，效果如图5-86所示。

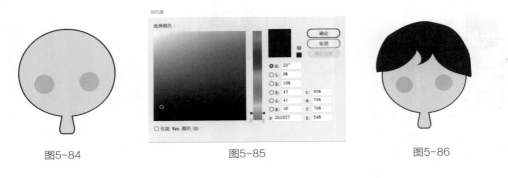

图5-84　　　　　　　　　　图5-85　　　　　　　　　　图5-86

💡 提示　头发的形状和颜色可以按照自己的喜好控制。

（11）使用"椭圆工具"绘制人物眼睛，并为其填充黑色，如图5-87所示。

（12）使用同样的方法绘制人物耳朵，耳朵的颜色要与脸的颜色一致，如图5-88所示。

（13）使用"钢笔工具"绘制人物鼻子，将描边宽度设置为2pt，效果如图5-89所示。

（14）使用同样的方式绘制人物嘴巴，如图5-90所示。

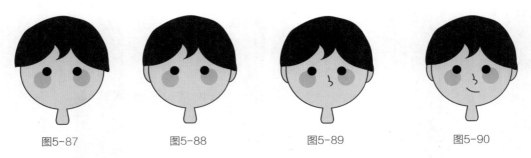

图5-87　　　　　　　图5-88　　　　　　　图5-89　　　　　　　图5-90

（15）使用"钢笔工具"绘制3种不同样式的嘴巴，如图5-91所示。

图5-91

 嘴巴基本按照"啊""喔""额"3种口型来绘制，读者可以自由发挥。

2. 绘制衣服

（1）使用"钢笔工具"绘制马甲，设置填充颜色为R=228、G=105、B=30，如图5-92所示，设置描边宽度为2pt，效果如图5-93所示。

图5-92　　　　　　　　　　　　图5-93

（2）使用同样的方法绘制上衣，设置填充颜色为R=233、G=199、B=130，如图5-94所示，效果如图5-95所示。

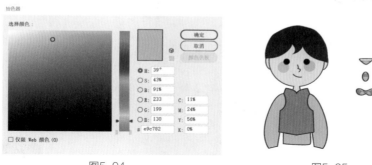

图5-94　　　　　　　　　　　　图5-95

（3）绘制里层衣袖和衣摆，并为它们填充黄色，如图5-96所示。

（4）绘制手，设置填充颜色为R=206、G=150、B=117，效果如图5-97所示。

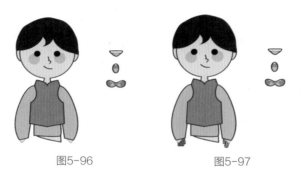

图5-96　　　　　　　　　　图5-97

（5）使用同样的方法绘制裤子，设置填充颜色为R=44、G=66、B=106，如图5-98所示，效果如图5-99所示。

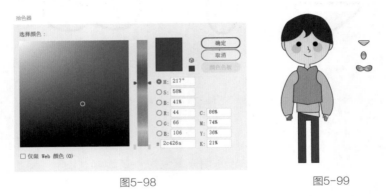

图5-98   图5-99

（6）使用"矩形工具"绘制裤角，设置填充颜色为$R=226$、$G=226$、$B=226$，如图5-100所示，效果如图5-101所示。

（7）使用"钢笔工具"绘制鞋子，并为其填充对应的颜色，效果如图5-102所示。

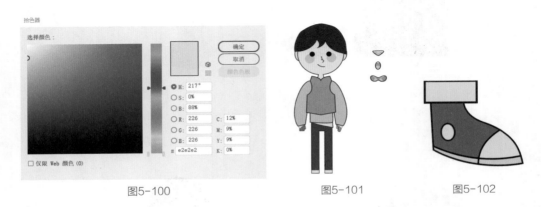

图5-100   图5-101   图5-102

（8）选中绘制好的"鞋子"图层，单击鼠标右键，在弹出的快捷菜单中执行"变换>镜像"命令，如图5-103所示。打开"镜像"对话框，选择"垂直"单选项，勾选"预览"复选框，设置"角度"为90°，如图5-104所示，效果如图5-105所示，人物绘制完成。

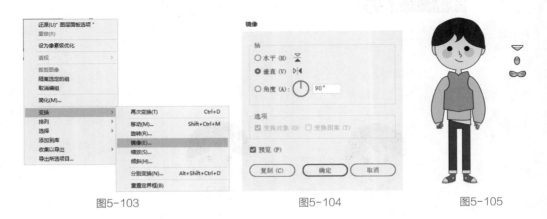

图5-103   图5-104   图5-105

3. 在After Effects中新建合成

启动After Effects 2021，执行"文件>新建>新建项目"命令，再执行"合成>新建合成"命令，在弹出的"合成设置"对话框中选择"HDTV 1080 25"预设，设置"持续时间"为10秒，"背景颜色"为黑色，如图5-106所示，单击"确定"按钮。

图5-106

4. 导入Illustrator文件并改名

（1）双击"项目"面板，导入名为"小孩"的Illustrator文件，将"导入为"设置为"合成-保持图层大小"，单击"导入"按钮，如图5-107所示。

（2）导入后的效果如图5-108所示。

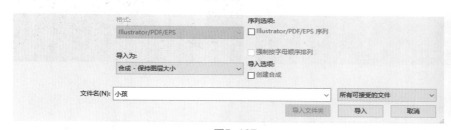

图5-107

图5-108

（3）检查导入文件的完整性，为所有图层重新命名，如图5-109所示。

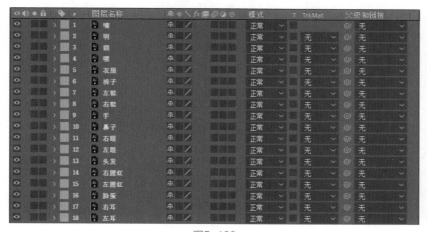

图5-109

5. 设置文件

（1）依次选中"嘴""啊""喔""额"图层，将它们分别移动到嘴巴的位置，如图5-110所示。

（2）创建一个空对象并重命名为"五官"，如图5-111所示。

图5-110

空对象
图5-111

（3）将"嘴""啊""喔""额""鼻子""右眼""左眼""右腮红""左腮红"这几个图层都设置为"五官"图层的子图层，创建父子关系，如图5-112所示，再将"五官"图层的中心点更改为脸的中心点，如图5-113所示。

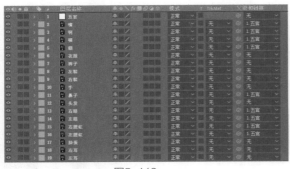
图5-112

将"五官"图层的中心点移动到此处
图5-113

（4）将"五官""头发""右耳""左耳"图层设置为"脸蛋"的子图层，如图5-114所示。

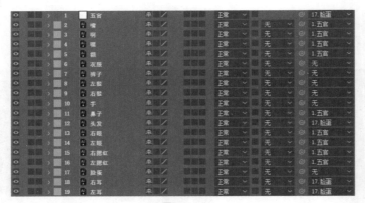
图5-114

6. 制作动画效果

（1）为"五官"图层制作动画。将时间指示器移动至起始帧处，将"五官"空对象移动到左上方的位置，并添加关键帧，如图5-115所示，效果如图5-116所示。

（2）在第40帧的位置将"五官"空对象移动到原始位置，如图5-117所示，效果如图5-118所示。

图5-115

图5-116

图5-117

图5-118

（3）在第80帧的位置将"五官"空对象移动到右下方，如图5-119所示，效果如图5-120所示。

图5-119

图5-120

（4）将所有关键帧的运动方式更改为缓动，如图5-121所示。

图5-121

 提示 以上操作控制了五官的运动范围。

（5）选中"左眼""右眼"两个图层，选择"缩放"属性，在第1帧的位置添加关键帧，在第80帧的位置设置"位置"的y轴数值为1%，如图5-122所示，效果如图5-123所示。

图5-122

图5-123

（6）选中"右耳""左耳"两个图层，显示"位置"属性，在第1帧时，眼睛在左上方的位置，耳朵向下移动，如图5-124所示。

（7）在第80帧的位置使耳朵向上移动，如图5-125所示。

图5-124

图5-125

7. 使用Duik脚本控制动画

（1）打开"Duik Bassel .2"面板，如图5-126所示。

（2）单击"连接器"右侧的圆形按钮，如图5-127所示。

图5-126

图5-127

（3）创建连接器后的界面如图5-128所示。

图5-128

（4）创建单向连接器并重命名为"口型"，调整"滑块"的大小和颜色，如图5-129所示。

（5）选中所有口型，单击"连接至不透明度"，如图5-130所示。

图5-129　　　　　　　　　　　　　　　　　　　图5-130

（6）拖动口型滑块，发现口型会随拖动而变化，如图5-131所示。

图5-131

（7）创建双向连接器并重命名为"五官"，调整"控制器"的颜色和大小，将"五官"图层的"位置"属性打开，单击鼠标右键，在弹出的快捷菜单中执行"单独尺寸"命令，将x轴和y轴的"位置"属性分开显示，如图5-132所示。

（8）选择"X位置"的关键帧，再选择Duik的x轴，单击"连接至属性"；选择"Y位置"的关键帧，再选择Duik的y轴，单击"连接至属性"，效果如图5-133所示。

图5-132　　　　　　　　　　　　　　　　　　图5-133

（9）连接完成后，拖动控制器查看效果，如图5-134所示。

图5-134

（10）使用同样的方法将耳朵和头发连接到"五官"控制器上，如图5-135和图5-136所示。

图5-135

图5-136

（11）添加单向控制器，用同样的方法制作眨眼动画，完成本案例的制作，如图5-137和图5-138所示。

图5-137

图5-138

5.4 课堂案例：制作人物骑车动画

> **资源位置**

| 素材文件 | 素材文件>CH05>课堂案例：制作人物骑车动画 |
| 实例文件 | 实例文件>CH05>课堂案例：制作人物骑车动画.aep |

本案例讲解运用Duik脚本制作人物骑车动画的方法，完成后的效果如图5-139所示。

图5-139

5.4.1　制作自行车

（1）启动Illustrator 2021，创建一个"网页-大"预设文件，如图5-140所示。

（2）使用"圆角矩形工具"绘制车架，设置填充颜色为R=255、G=72、B=105，如图5-141所示，效果图5-142所示。

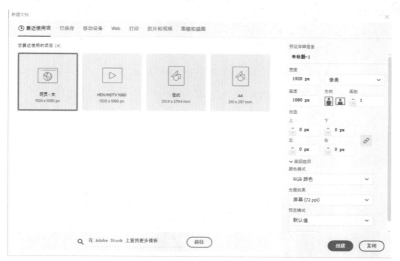

图5-140

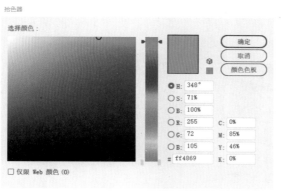

图5-141

图5-142

💡 **提示**　读者可以自行设计车架的颜色。

（3）使用同样的方法绘制车把和车座，如图5-143和图5-144所示。

图5-143

图5-144

（4）使用"矩形工具"绘制一个矩形，设置填充颜色为R=166、G=166、B=166，如图5-145所示，将其移动至最下层作为背景，效果如图5-146所示。

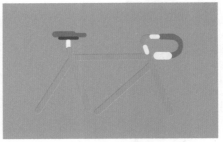

图5-145　　　　　　　　　　　　　　　　　图5-146

（5）使用"椭圆工具"绘制车轮，按住Shift键绘制圆形，关闭填充，开启描边，将描边宽度调整为18pt，设置描边颜色R=24、G=72、B=80，如图5-147所示，效果如图5-148所示。

（6）使用同样的方法绘制内胎，设置描边颜色为R=41、G=144、B=155，如图5-149所示，效果如图5-150所示。

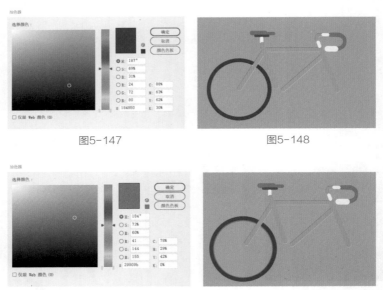

图5-147　　　　　　　　　　　　　　　图5-148

图5-149　　　　　　　　　　　　　　　图5-150

（7）使用"矩形工具"绘制车轮骨，如图5-151所示。

（8）复制一个车轮骨，选择"自由变换工具"，按住Shift键将其旋转90°，如图5-152所示。

（9）选中两个车轮骨图层，单击鼠标右键，在弹出的快捷菜单中执行"变换＞旋转"命令，调整"角度"为15°，如图5-153所示，效果如图5-154所示。

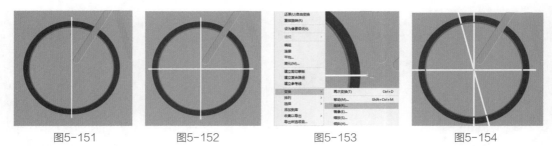

图5-151　　　　　图5-152　　　　　图5-153　　　　　图5-154

（10）多次重复执行"变换>旋转"命令，将所有车轮骨制作出来，如图5-155所示。

（11）框选车轮骨和轮胎，选择"形状生成器工具"，按住Alt键单击以减去多余的形状，如图5-156所示。

（12）选择"椭圆工具"，按住Shift键绘制圆形，设置圆形的颜色与内胎相同，以模拟轴承，如图5-157所示。

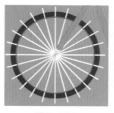  

图5-155　　　　　　　图5-156　　　　　　　图5-157

（13）框选所有车轮图层，按Ctrl+G组合键编组，再按住Alt键单击并拖曳车轮至右侧，以模拟前轮，效果如图5-158所示。

（14）使用同样的方法制作链条和脚蹬等，完成后的效果如图5-159所示。

图5-158　　　　　　　　　　　图5-159

5.4.2　制作人物

（1）使用"椭圆工具"绘制人物的头部，设置填充颜色为R=255、G=197、B=184，如图5-160所示，效果如图5-161所示。

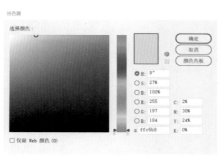 

图5-160　　　　　　　　　　　图5-161

（2）使用"椭圆工具"绘制人物的眼睛和腮红，为眼睛填充黑色，腮红的填充颜色为R=244、G=159、B=144，效果如图5-162所示。

（3）使用"圆角矩形工具"绘制人物的脖子，为其填充脸部的颜色，效果如图5-163所示。

（4）选择"椭圆工具"，按住Shift键绘制圆形，为其填充白色，将圆形删除一半，作为人物的嘴，效果如图5-164所示。

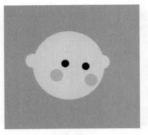  

图5-162　　　　　　　　　　图5-163　　　　　　　　　　图5-164

（5）使用"圆角矩形工具"绘制人物的鼻子和下巴，为它们填充腮红的颜色，效果如图5-165所示。

（6）使用"钢笔工具"绘制人物的头发和发带，为头发填充黑色，为发带填充绿色，效果如图5-166所示。

图5-165　　　　　　　　　　　　图5-166

（7）使用"圆角矩形工具"绘制人物的衣服，设置填充颜色为$R=111$、$G=176$、$B=36$，如图5-167所示，效果如图5-168所示。

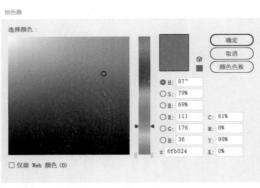 

图5-167　　　　　　　　　　　　图5-168

（8）使用"透视扭曲工具"调整衣服的形状，效果如图5-169所示。

（9）使用"椭圆工具"绘制直径与脖子宽度一样的圆形，选中衣服与圆形，选择"形状生成器工具"，按住Alt键单击以减去多余的形状，如图5-170所示。

（10）选择"椭圆工具"，按住Shift键绘制圆形，设置其颜色与衣服一致，效果如图5-171所示。

图5-169　　　　图5-170　　　　图5-171

（11）选中"衣服""圆形"两个图层，单击"路径查找器"面板中的"联集"按钮，如图5-172所示，使它们成为一个图层。

（12）使用"自由变换工具"调整身体的角度，如图5-173所示。

图5-172　　　　　　　　　　图5-173

 身体与四肢的连接处如何都做圆形处理，可以尽量避免穿帮。

（13）按照之前介绍的绘制身体的方法绘制人物的手臂，手臂分为大臂与小臂，注意分开绘制，再用同样的方法绘制手表，如图5-174所示。

 在绘制手臂时，可以用不同的颜色区分左臂和右臂。

（14）根据脚蹬的位置绘制右腿，方法与手臂的绘制方法类似，如图5-175所示。

图5-174　　　　　　　　　图5-175

 绘制大腿时需要先绘制短裤，再绘制未被短裤遮盖的大腿。

（15）使用同样的方法绘制小腿和袜子，关节处需要进行球状处理，如图5-176所示。

（16）使用"钢笔工具"绘制鞋子，再用"圆角矩形工具"绘制鞋上的花纹，如图5-177所示。

（17）使用同样的方法绘制左腿等，如图5-178所示。

图5-176

图5-177

图5-178

（18）人物和自行车都绘制完毕，将之前创建的灰色背景删除，如图5-179所示。

（19）选中所有图层，单击右侧的 按钮，执行"释放到图层（顺序）"命令，如图5-180所示，并为每个图层重新命名，如图5-181所示。

图5-179

图5-180

图5-181

5.4.3 新建合成

（1）启动After Effects 2021，执行"文件>新建>新建项目"命令，再执行"合成>新建合成"命令，新建一个合成，如图5-182所示。

（2）双击"项目"面板中的空白处，导入在Illustrator中做好的"骑车"文件，其他设置如图5-183所示。

图5-182

图5-183

（3）双击打开导入的文件，查看其内容，因为在Illustrator中已经重命名好了，所以省去了此处的重命名操作，如图5-184所示。

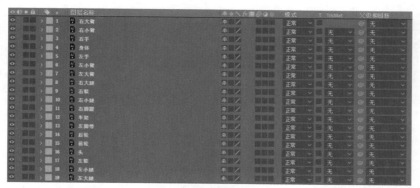

图5-184

5.4.4 添加控制器属性

（1）单独显示身体，用"人偶位置控点工具"分别为臀部、腰部、肩部添加控点，如图5-185所示。

（2）选中3个控点，打开Duik，使用"添加骨骼"工具为这3个控点添加骨骼，如图5-186所示。

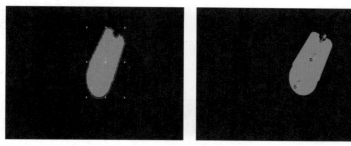

图5-185 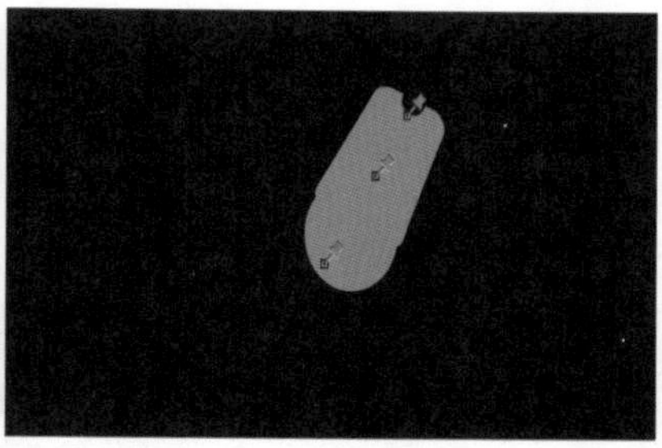   图5-186

（3）出现3个控制器图层，如图5-187所示，分别修改它们的名称以方便后续操作。

图5-187

（4）将"头"图层调整为"肩部控制器"图层的子图层，如图5-188所示，这样做的好处在于肩部运动时，头部也会随肩部运动。

图5-188

（5）分别选中"右手""右小臂""右大臂"图层，将中心点移动至关节处，如图5-189至图5-191所示。

图5-189

中心点移动至此处

图5-190

图5-191

（6）选中这3个图层，单击Duik中的"自动化绑定和创建反向动力学"，效果如图5-192所示。

图5-192

 提示　选择图层的顺序很重要，应先选择手再选择小臂，最后选择大臂。

（7）将"右手控制器"图层调整为"肩部控制器"图层的子图层，如图5-193所示。

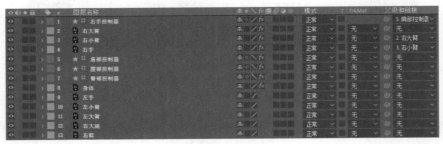

图5-193

（8）左手的设置和右手的设置一样，效果如图5-194所示。

（9）腿的设置和手臂的设置相似，都是先调整中心点，然后进行自动绑定，如图5-195所示。

图5-194

图5-195

5.4.5 设置动画

（1）选中"右脚铁"图层，移动其中心点至中间，选择"旋转"属性来制作动画，将其沿顺时针方向转10圈，如图5-196所示。

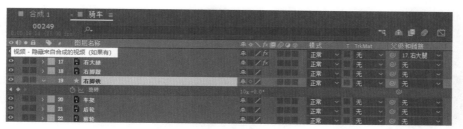

图5-196

（2）选中"右脚蹬"图层，移动其中心点至中间，选择"旋转"属性来制作动画，将其沿逆时针方向转10圈，再将其调整为"右脚铁"图层的子图层，如图5-197所示。

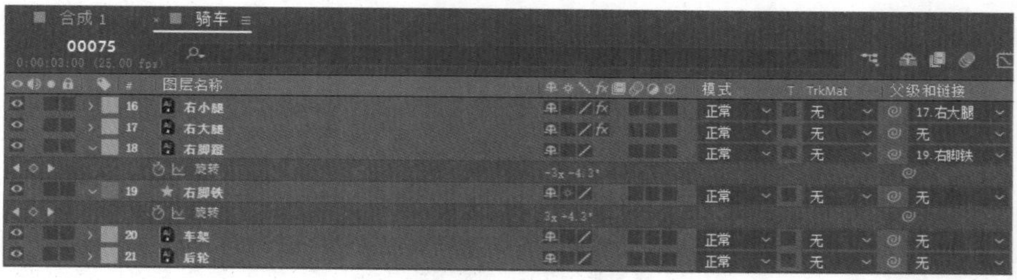

图5-197

（3）将"右鞋控制器"图层调整为"右脚蹬"图层的子图层，如图5-198～图5-200所示。

图5-198

图5-199

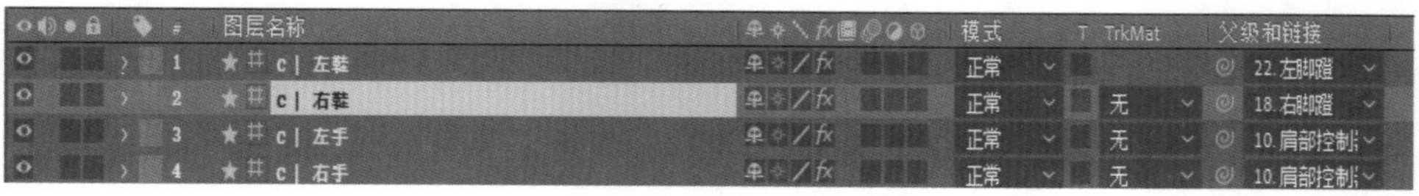

图5-200

（4）对左脚也做同样的设置，如图5-201～图5-203所示。

图5-201

图5-202

图5-203

（5）为前轮和后轮制作动画，选择车轮的"旋转"属性，同样也将其顺时针转10圈，如图5-204所示。

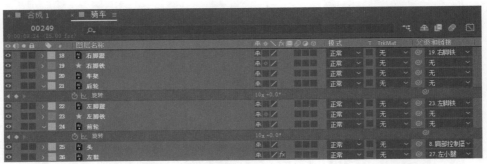

图5-204

（6）为身体和手臂制作动画，为自行车车架制作动画，让动画更加丰富，具体方法不再赘述，效果如图5-205和图5-206所示。

图5-205

图5-206

课后练习　制作人物奔跑动画

资源位置

素材文件　素材文件>CH05>课后习题：制作人物奔跑动画

实例文件　实例文件>CH05>课后习题：制作人物奔跑动画.aep

微课视频

根据本章所学内容，利用Duik脚本制作人物奔跑动画，完成后的效果如图5-207所示。

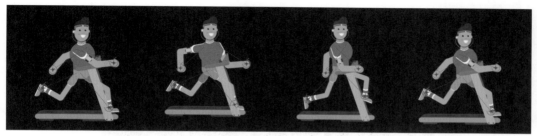

图5-207

设计思路

❶ 导入素材，如图5-208所示。

图5-208

❷ 为各个图层创建父子关系，如图5-209所示。

图5-209

❸ 为腿和手臂创建Duik绑定，如图5-210所示。

图5-210

❹ 制作关键帧动画，如图5-211所示。

图5-211

第 6 章

MG动画的后期制作

在MG动画的制作过程中，后期剪辑的作用更多体现在检验动画与配音是否同步方面，这就要求动画师每隔一段时间渲染并导出一次，并把导出的动画导入Premiere中以检测画面与声音是否同步，避免音画不同步而需反复修改的情况。画面承载着较多的信息，因此把握画面的节奏尤为重要，而后期剪辑就是把握节奏的一个关键步骤，主要方式是通过Premiere等剪辑软件发现MG动画中存在的问题，从而及时反馈并解决问题。

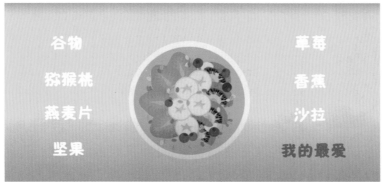

6.1 添加视频特效

特效在短片的创作中具有重要的作用，运用软件提供的视频特效可以在短片中塑造出不同的效果。在视频的后期处理中，创建视觉元素、添加视频特效可使视频的整体效果具有强烈的表现力和视觉冲击力，而且更具真实感，如图6-1所示。

图6-1

6.1.1 添加光效

恰到好处地为视频添加光效能够实现一些特殊的视觉效果。After Effects提供了多种光效，如图6-2所示，用户可以用这些光效做出很炫酷的效果。

图6-2

⚙ **功能介绍**

- 发光基于：用于设置光源是基于Alpha通道还是颜色通道。如果素材图片中存在透明的区域，并且想要其透明边缘发光，就要选择"Alpha通道"，"Alpha通道"用得比较少，一般用得多的是"颜色通道"。
- 发光阈值：用于调整发光的范围，数值越大，发光越强。
- 发光半径和发光强度：用于对光的强弱进行调整。
- 合成原始项目和发光操作：搭配使用，只有"合成原始项目"为"后面"时，设置"发光操作"才会起作用。"发光操作"与Photoshop中的混合模式类似。
- 发光颜色：用于设置原始颜色。
- 颜色循环：用于设置光播放的循环次数，数值越大，循环次数越多。
- 色彩相位：用于设置光颜色的相位。
- A和B中点：数值越大，A颜色的占比越大。
- 颜色A和颜色B：可以定义成自己想要的颜色，尽量使两种颜色的对比明显、强烈些。
- 发光维度：用于设置发光的方向。

6.1.2 调整色调

在制作动画时，其整体颜色需要统一，但有时实际拍摄的视频在颜色上存在差异，这就需要使用相关工具来调整画面色调，使其颜色统一。After Effects有很多调节颜色的命令，它们都在"效果>颜色校正"菜单中，如图6-3所示。

三色调	亮度和对比度
通道混合器	保留颜色
阴影/高光	可选颜色
CC Color Neutralizer	曝光度
CC Color Offset	曲线
CC Kernel	更改为颜色
CC Toner	更改颜色
照片滤镜	自然饱和度
Lumetri 颜色	自动色阶
PS 任意映射	自动对比度
灰度系数/基值/增益	自动颜色
色调	视频限幅器
色调均化	颜色稳定器
色阶	颜色平衡
色阶（单独控件）	颜色平衡 (HLS)
色光	颜色链接
色相/饱和度	黑色和白色
广播颜色	

图6-3

功能介绍

- 三色调：分别用于设置高光、中间调和阴影区域的颜色，从而得到三色调图像。
- 通道混合器：其作用类似于Photoshop中的通道混合器。
- 阴影/高光：使较暗区域变亮，使较亮区域变暗。
- CC Color Neutralizer：颜色中和剂效果，分别对高光、阴影、中间调区域的颜色进行中和。
- CC Color Offset：色彩偏移效果，基于通道使红色、绿色、蓝色分别产生相位偏移，从而制作出极端的色彩效果。
- CC Kernel：内核效果，一个3×3的卷积核。
- CC Toner：调色剂效果，将各种颜色映射到图层的不同亮度区域，常用于制作双色调、三色调图像。
- 照片滤镜：与Photoshop中的照片滤镜类似。
- Lumetri颜色：通过各种调整对图像应用颜色校正效果。
- PS任意映射：将Photoshop曲线和贴图文件（.acv文件、.amp文件）映射于图像，或者进行相位变换。
- 灰度系数/基值/增益：调整每个原色通道的响应曲线，直接使用曲线效果进行控制也可以实现同样的效果。
- 色调：转换为黑白效果，将图像亮度映射到白色与黑色之间。
- 色调均化：又称为均衡，重新分布像素值以实现更均匀的亮度平衡，常用来增强画面对比度和饱和度。
- 色阶：调整图像的色阶和灰度系数，与Photoshop中的"色阶"命令类似。
- 色阶（单独控件）：调整图像的色阶和灰度系数。
- 色光：将各种颜色映射到不同的亮度区域，有大量预设可供选择。
- 色相/饱和度：与Photoshop中的"色相/饱和度"命令类似。
- 广播颜色：调整颜色以确保广播安全性，其目的是兼容老式设备的显示效果。
- 亮度和对比度：调整图像的亮度和对比度，与Photoshop中的"亮度和对比度"命令一致。
- 保留颜色：保留与指定颜色类似的颜色信息，通过设置脱色量来去掉其他颜色。
- 可选颜色：与Photoshop中的"可选颜色"命令一致。
- 曝光度：与Photoshop中的"曝光度"命令类似，可控制原色通道。
- 曲线：用于调整图像的色调范围，与Photoshop中的"曲线"命令类似。
- 更改为颜色：使用HLS插值将一种颜色变为另一种颜色。
- 更改颜色：用于调整各种颜色的色相、饱和度和亮度。
- 自然饱和度：与Photoshop中的"自然饱和度"命令一致。
- 自动色阶：用于逐个自动调整颜色通道。
- 自动对比度：用于自动调整整体对比度。
- 自动颜色：用于通过搜索阴影、中间调和高光来自动调整颜色。
- 视频限幅器：用于将视频信息剪辑到项目工作空间的合法范围内。
- 颜色稳定器：用于稳定图像曝光。
- 颜色平衡：用于调整颜色通道的强度并可保持发光度，与Photoshop中的"色彩平衡"

命令类似。

- 颜色平衡（HLS）：用于调整色相、亮度和饱和度通道的强度。
- 颜色链接：使用图层的平均（或者中间值、最亮值、最暗值等）颜色为图层着色。
- 黑色和白色：转换为黑白效果，相当于Photoshop中的"黑白调整"命令。

6.1.3 摄像机动画

After Effects中的摄像机的工作方式与现实生活中的摄像机非常相似。例如，现实中的摄像机的传感器大小、焦距和虹膜形状等概念都在After Effects中的各种摄像机菜单中有对应功能。创建摄像机的方式与创建纯色图层的方式类似，可以在"时间轴"面板的空白处单击鼠标右键，在弹出的快捷菜单中执行"新建>摄像机"命令来创建摄像机，如图6-4所示。

图6-4

 提示　如果"时间轴"面板中的图层未开启3D开关，则必须先打开图层的3D开关，然后它们才能与摄像机产生交互，如图6-5所示。

3D 开关

图6-5

弹出"摄像机设置"对话框，如图6-6所示。

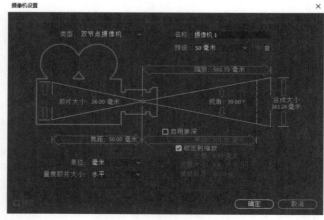

图6-6

⚙ 功能介绍

- **类型**：包含"单节点摄像机""双节点摄像机"，节点只是摄像机的一个运动点。默认情况下，"类型"为"双节点摄像机"。单节点摄像机的操作与现实中的摄像机非常相似，可以平移、倾斜和缩放，以及调整聚焦距离。单节点摄像机没有目标点，但可以将其与空对象建立父子关系以进一步控制。双节点摄像机是具有目标点的摄像机，与现实中的摄像机不同，双节点摄像机围绕3D空间中的单个点旋转。使用双节点摄像机可以创建其他任何方式都无法实现的摄像机运动效果。

- **焦距**：调整现实生活中的摄像机镜头的焦距可以放大被摄对象，默认情况下，After Effects中的活动摄像机的焦距为50毫米。使用较小的焦距将创建更广的镜头，使用较大的焦距将创建"变焦"或"远摄"镜头。

- **胶片大小**：将胶片大小保持在默认的36毫米，其效果与现实中的镜头的全画幅相同。

- **视角**：视角越宽，视野越大。更改视角时将调整缩放和焦距值。

- **启用景深**：景深是一种光学效果，可以模糊前景和背景，要使画面栩栩如生，就要启用景深，可以勾选"启用景深"复选框，在"时间轴"面板中将看到光圈和模糊级别的设置。创建摄像机后，可以通过以下方法调整这些设置：单击摄像机旁边的时间线中的下拉按钮，然后选择"摄像机选项"选项。默认情况下，After Effects中景深的模糊效果不会非常强烈。

- **光圈**：光圈可以调节景深，光圈越大，对焦区域越小，如图6-7~图6-10所示。

光圈为0时，两层字都很清晰

图6-7

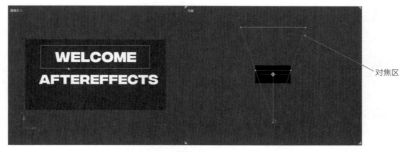

对焦区

图6-8

光圈变大，字变模糊

图6-9

图6-10

在光圈数值不变的情况下调整焦距，第一层文字会变得模糊，如图6-11所示。

图6-11

按C键切换到摄像机操控模式，可以借助图6-12的红框中的工具来实现镜头的推、拉、摇、移。

图6-12

6.1.4 案例：制作Logo生长动画

> **资源位置**

| 素材文件 | 素材文件>CH06>案例：制作Logo生长动画 |
| 实例文件 | 实例文件>CH06>案例：制作Logo生长动画.aep |

微课视频

本案例讲解使用描边、发光效果制作Logo生长动画的方法，完成后的效果如图6-13所示。

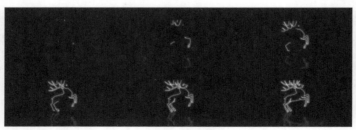

图6-13

1．制作Logo

（1）启动Photoshop 2021，执行"文件>新建"命令，在弹出的"新建文档"对话框中选择"自定1920×1080像素@72ppi"，设置其大小为1920像素×1080像素，如图6-14所示。

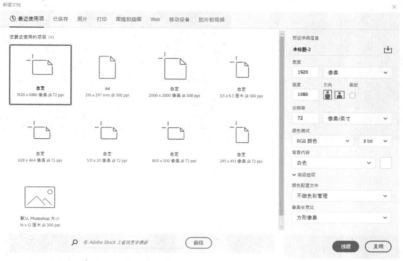

图6-14

（2）选择"自定形状工具"，选择驯鹿形状，在画布中单击并拖曳鼠标即可绘制图形，如图6-15~图6-17所示。

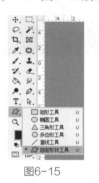 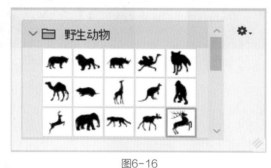 

图6-15 图6-16 图6-17

（3）选择"直接选择工具"，框选图形，按Ctrl+C组合键复制图形，如图6-18所示。

图6-18

2．导入素材

（1）启动After Effects 2021，新建大小为1920像素×1080像素，"持续时间"为5秒的合成。然后新建一个纯色图层，在"纯色设置"对话框中设置"名称"为"背景"，"颜色"为$R=21$、$G=31$、$B=48$，如图6-19所示。

（2）创建一个纯色图层并重命名为"驯鹿"，然后按Ctrl+V组合键将在Photoshop中复制的图形粘贴到此图层中，修改图形尺寸到合适的大小，并修改图形的颜色为白色，如图6-20所示。

图6-19　　　　　　　　　　　　　　　图6-20

（3）为"驯鹿"图层添加"描边"属性，勾选"所有蒙版"复选框，取消勾选"顺序描边"复选框，将"绘画样式"修改为"在透明背景上"，如图6-21所示，效果如图6-22所示。

图6-21　　　　　　　　　　　　　　　图6-22

3. 制作动画

将时间指示器移动到起始帧处，将"描边"的"结束"数值修改为0%，再将时间指示器移动到第39帧的位置，将"结束"数值修改为100%，将关键帧的运动方式设置为缓动，再调整动画曲线，如图6-23所示，效果如图6-24所示。

图6-23　　　　　　　　　　　　　　　图6-24

4. 制作效果

（1）为"驯鹿"图层添加"发光"属性，修改"发光阈值"为9.4%，"发光半径"为43，"发光强度"为1.8，将"发光颜色"调整为"A和B颜色"，将"颜色B"调整为$R=34$、$G=71$、$B=209$，如图6-25所示，效果如图6-26所示。

（2）复制"驯鹿"图层，为新复制的图层添加"高斯模糊"效果，在"效果控件"面板中设置"模糊度"为22，如图6-27所示，效果如图6-28所示。

（3）复制"驯鹿"图层，选中此图层，单击鼠标右键，在弹出的快捷菜单中执行"变换>垂直翻转"命令，如图6-29所示，效果如图6-30所示。

（4）调整倒影的位置，将倒影的"不透明度"调整至33%，如图6-31所示。

（5）查看动画效果，如图6-32所示。

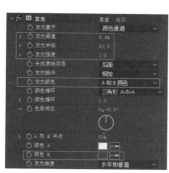

图6-25

图6-26

图6-27

图6-28

图6-29

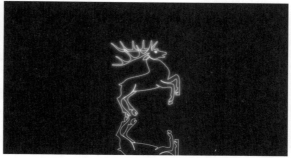

图6-30

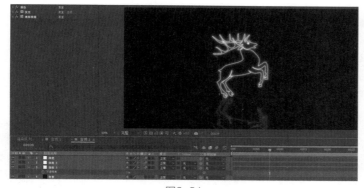

图6-31

图6-32

在MG动画的制作中，场景之间的转换就叫"转场"。优秀的转场设计可以使动画更流畅、自然，视觉效果更富有吸引力，从而加深观众的印象。

6.2.1 转场的概念

转场是影视行业约定俗成的一个词语，从字面意思来理解，"转"代表转换，"场"代表场景，"转场"就是场景转换或时空转换。转场的基本作用是分隔内容，就是把两个场景中的情节或内容分隔开，避免观众混淆剧情。在转场的过程中，尽量用流畅、连贯的方式过渡。转场特效是MG动画的重要组成部分，一个好的转场特效能给观众带来很强的视觉冲击力，在不知不觉中吸引观众的注意力。

对于动画而言，其场景一般由多个镜头组成，转场就是镜头和镜头之间的连接方式，如图6-33所示。

转场的主要目的是使镜头之间的过渡自然，使动画效果协调。一个完整的转场通常由两部分组成：上一个镜头消失的过渡动画，称为"出"；下一个镜头出现的过渡动画，称为"入"，如图6-34所示。

图6-33

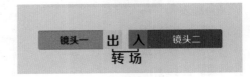

图6-34

在优秀的MG动画中，转场占据着重要地位，起到过渡的作用。下面介绍几种常见的转场。

6.2.2 几何转场

几何形状包括椭圆形、矩形、菱形等。通过移动、旋转、缩放几何形状和修改几何形状的不透明度等方式可以创建成千上万种转场效果。这种转场效果通过为图形制作动画来填充屏幕，并在动画过程中切换至下一个场景。图6-35所示为一个几何转场效果。

图6-35

6.2.3 镜头移动转场

这种转场是通过移动镜头来完成的，包括推近、平移、拉远、转换视角等，在MG动画中可以为图层制作动画来模仿镜头的运动，如图6-36所示。

图6-36

6.2.4　转变转场

转变转场是MG动画中的典型转场，这种转场前后变化的未知性可以使观众产生好奇心，吸引观众的注意力，其制作技巧是使用对象的相似元素（如颜色、形状等），如图6-37所示。

图6-37

6.2.5　跳接转场

跳接转场也是常用的一种转场，其本质是使用剪辑的手法拼接画面，如图6-38所示。因为转场是需要设计的，所以跳接转场包含了剪辑和设计两个部分。在MG动画中，最常见的就是使用不同对象运动节奏的相似性来实现跳接转场，这种方法在很多动态设计作品中都有应用，如图6-38所示。

图6-38

6.2.6　案例：制作转场动画

> 资源位置

 素材文件　　素材文件>CH06>案例：制作转场动画

 实例文件　　实例文件>CH06>案例：制作转场动画.aep

 微课视频

本案例讲解运用多个不同色彩的图层制作转场动画的方法，完成后的效果如图6-39所示。

1. 新建合成

启动After Effects 2021，执行"文件>新建>新建项目"命令，再执行"合成>新建合成"命

图6-39

令，新建一个合成，如图6-40所示。

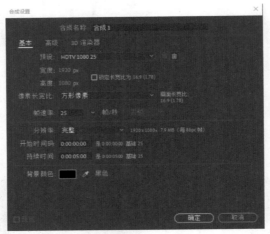

图6-40

2. 设置纯色图层

（1）创建纯色图层并重命名为"第一层"，设置"颜色"为R=255、G=218、B=44，如图6-41所示。

（2）选择"向后平移（锚点）工具"，将中心点移动到左下角，如图6-42所示。

图6-41

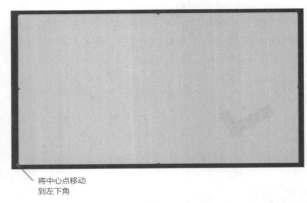

将中心点移动到左下角

图6-42

3. 设置动画

（1）放大图层，将时间指示器移动至起始帧处，选中"第一层"图层，按R键打开"旋转"属性，将图层旋转－91°，如图6-43所示，并移出"合成"面板，效果如图6-44所示。

图6-43

图6-44

（2）将时间指示器移动至2秒的位置，将图层旋转91°，如图6-45所示，效果如图6-46所示。

图6-45

图6-46

（3）选中两个关键帧，按F9键，将关键帧的运动方式调整为缓动，单击"图表编辑器"按钮，在"图表编辑器"面板中调整曲线形状，如图6-47所示。

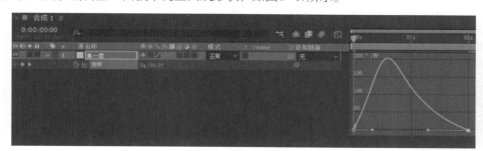

图6-47

4. 设置其他图层动画

（1）复制"第一层"图层，将其重命名为"第二层"，更改颜色为绿色，在"时间轴"面板右侧将其拖曳至第10帧的位置，如图6-48所示，这样上下两个图层会完全连接起来，效果如图6-49所示。

图6-48

图6-49

 提示　拖曳图层位置并不是调整图层的"位置"属性，而是将整个图层条向后拖曳至第10帧的位置。

（2）使用相同的方式，复制两个纯色图层，更改它们的名称和颜色，移动对应图层条的位置，如图6-50所示，效果如图6-51所示。

（3）查看效果，发现颜色的过渡有些生硬，可以添加投影效果来调整。选中一个纯色图层，单击鼠标右键，在弹出的快捷菜单中执行"图层样式>投影"命令，将"不透明度"调整为30%，将"大小"调整为20，如图6-52所示，效果图6-53所示。

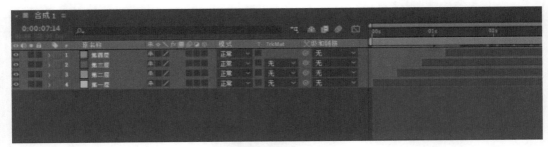

图6-50

图6-51

图6-52

图6-53

（4）复制投影效果，分别粘贴到其他图层，效果如图6-54所示。

（5）转场动画制作完毕，效果如图6-55所示。

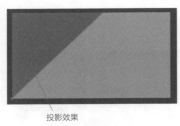

投影效果

图6-54

图6-55

6.3 添加字幕

在用After Effects制作视频的过程中常常需要制作一些字幕特效，好看的字幕既能吸引观众，又能让观众知道视频内容。字幕是指影视作品中出现的具有各种用途的文字，如版权标识、片名、演员表、对白等。字幕按先后顺序可分为片头字幕、片间字幕和片尾字幕。一般情况下，对白字幕出现在屏幕下方。对于MG动画来说，字幕不仅可以说明产品，而且它本身也是一种视觉元素，字幕不同的字体、颜色、字号、出场方式等会给人带来不同的视觉感受。它和书法、招贴中的文字不同，字幕需要与画面产生关联，与MG动画的内容、结构必须相符，可以体现MG动画的艺术性、协调性。因此，字幕在整个影片中是至关重要的一部分，如图6-56所示。

图6-56

6.3.1 字幕的种类

在MG动画中，字幕要能让观众直接观看，同时还不能影响画面的视觉效果，因此字幕应该与画面效果相呼应。字幕可分为以下两种类型。

1. 内置字幕

这类字幕与画面融为一体，具有鲜明的特点和很强的带入性，可以直观、简洁地表达画面内容，如图6-57所示。

图6-57

2. 字幕条

这类字幕是对声音的补充，也是屏幕动效的重要组成部分，具有配合、补充说明、强调、衬托、辅助或优化画面的作用，主要是将声音以文字的方式显示，以帮助观众理解视频内容。另外，语言不通的观众可以通过字幕了解视频内容，如图6-58所示。

图6-58

6.3.2 设置字幕样式

虽然MG动画中的字幕没有固定样式，但一定要工整，让人一目了然，字号不能过小，要让人容易分辨，也不能过大，要与整个画面协调，而且要美观。字幕颜色要朴素，不刺眼。

不同的动画内容应使用不同设计风格的字幕。

秀丽柔美风格的字幕：字体优美清新，线条流畅，给人以华丽、柔美之感，适用于化妆品、饰品等主题的视频。

稳重挺拔风格的字幕：字体造型规整，富有力度，给人以简洁、爽朗的现代感，具有较强的视觉冲击力，适用于机械、科技等主题的视频。

活泼有趣风格的字幕：字体造型生动活泼，有鲜明的节奏感，色彩丰富明快，给人以生机盎然的感觉，适用于儿童用品、运动休闲产品、时尚产品等主题的视频。

苍劲古朴风格的字幕：字体朴素，饱含古典韵味，能使人产生一种怀旧感，适用于传统产品、民间艺术品等主题的视频。

6.3.3 设置字幕动画

设置字幕动画的方法有很多，可以对其位置、大小、不透明度进行调整，制作出丰富的动态效果。After Effects提供了很多预设，只需要选中预设效果，将其拖曳到文字图层上可实现复杂的文字动效。"效果和预设"面板可以通过After Effects的"窗口"菜单打开，如图6-59所示。

所有和文字有关的动效都在"效果和预设"面板的"动画预设 > Text"下拉列表中，共17种类型，如图6-60所示。

图6-59

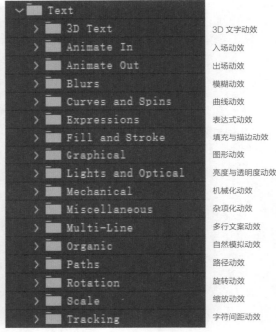

图6-60

6.3.4 案例：制作动画字幕

资源位置

素材文件	素材文件>CH06>案例：制作动画字幕
实例文件	实例文件>CH06>案例：制作动画字幕.aep

微课视频

本案例讲解如何运用添加字幕、效果等方法制作动画字幕，完成后的效果如图6-61所示。

图6-61

1. 新建合成

（1）启动After Effects 2021，执行"文件>新建>新建项目"命令，再执行"合成>新建合成"命令，新建一个合成，如图6-62所示。

（2）在"时间轴"面板中单击鼠标右键，在弹出的快捷菜单中执行"新建 > 纯色"命令，如图6-63所示，创建一个白色图层，将其重命名为"背景"，如图6-63至图6-65所示。

图6-62

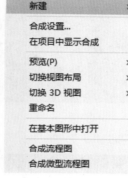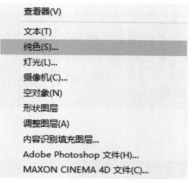

图6-63

图6-64

图6-65

2. 创建字幕条

（1）选择"圆角矩形工具"，创建字幕条，设置填充颜色为R=255、G=72、B=105，如图6-66所示，关闭描边，效果如图6-67所示。

图6-66　　　　　　　　　　　　　　　图6-67

（2）展开形状图层的属性，找到"圆度"属性，将"圆度"调整至最大（数值不再增大为止），如图6-68所示，效果如图6-69所示。

图6-68　　　　　　　　　　　　　　　图6-69

（3）将形状图层重命名为"字幕版"，如图6-70所示。

图6-70

3. 制作动画

（1）将时间指示器移动到第28帧处，为"矩形路径1"图层的"位置""大小"属性创建关键帧，如图6-71所示。

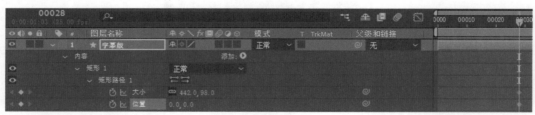

图6-71

（2）将时间指示器移动到起始帧处，将"大小"属性的约束比例功能关闭，将其 x 轴数值修改为0，将"位置"属性的 x 轴数值修改为-606，如图6-72所示。

图6-72

MG动画设计案例教程（全彩微课版）

（3）对应的画面效果如图6-73和图6-74所示。

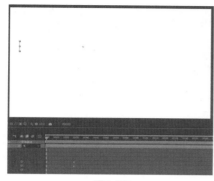

图6-73

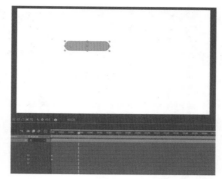

图6-74

（4）选中所有关键帧，按组合键F9，将关键帧的运动方式更改为缓动，如图6-75所示。

图6-75

（5）打开"图表编辑器"面板，调整曲线，如图6-76所示。

图6-76

（6）按Ctrl+D组合键复制此图层，按S键显示"缩放"属性，将此图层放大，如图6-77所示，并移动到合适位置，效果如图6-78所示。

图6-77

图6-78

（7）选中两个形状图层，按两次U键显示所有记录了关键帧的属性，如图6-79所示。

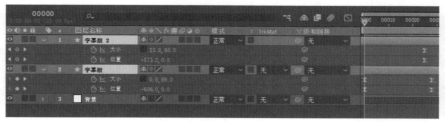

图6-79

（8）将时间指示器移动到第80帧的位置，为4个属性记录关键帧，如图6-80所示。

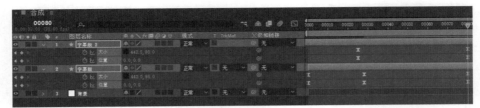

图6-80

 提示　After Effects可以自动记录关键帧，属性数值改变时自动记录关键帧，属性数值不变时不记录关键帧；当属性数值不变而又要记录关键帧时，需要单击属性左侧的"在当前时间添加或移除关键帧"按钮。

（9）将时间指示器移动到第110帧的位置，将两个图层的"大小"属性的x轴数值修改为0，再将"位置"属性的x轴数值减小，如图6-81所示，效果如图6-82所示。

图6-81

图6-82

（10）动画设置完毕，选中这两个图层，按Ctrl+Shift+C组合键新建预合成，如图6-83和图6-84所示。

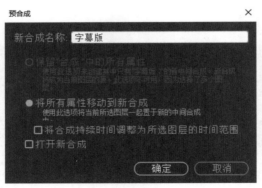

图6-83

图6-84

MG动画设计案例教程（全彩微课版）

（11）在"字幕版"图层上单击鼠标右键，在弹出的快捷菜单中执行"效果 > 模糊和锐化 > 高斯模糊"命令，如图6-85所示，在"效果控件"面板中将"模糊度"更改为20，如图6-86所示，效果如图6-87所示。

图6-85

图6-86

图6-87

（12）对图层执行"效果 > 遮罩 > 简单阻塞工具"命令，如图6-88所示，在"效果控件"面板中将"阻塞遮罩"修改为10，如图6-89所示，效果如图6-90所示。

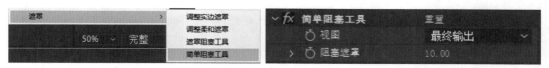

图6-88

图6-89

图6-90

提示　添加"高斯模糊"和"简单阻塞"效果是为了制作融合效果。

4. 添加字幕

（1）选择"横排文字工具"，输入"WELCOME"，如图6-91所示。

图6-91

（2）为文字制作动画。将时间指示器移动到第33帧处，按P键显示"位置"属性，创建关键帧。再将时间指示器移动到第7帧处，将"位置"的x轴数值减小，如图6-92至图6-95所示。

（3）选中两个关键帧，按F9键，将关键帧的运动方式更改为缓动，如图6-96所示。

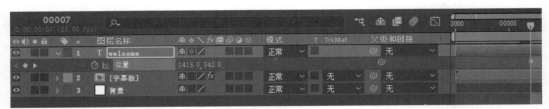

图6-92

图6-93

图6-94

图6-95

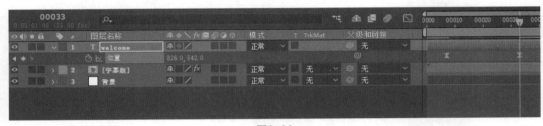

图6-96

（4）打开"图表编辑器"面板，调整曲线，如图6-97所示。

图6-97

（5）按Ctrl+D组合键复制"字幕版"图层，将其重命名为"字幕版遮罩"，如图6-98所示。

图6-98

（6）将遮罩图层移动至最上层，将文字图层的遮罩模式更改为"Alpha遮罩'字幕版遮罩'"，如图6-99所示。

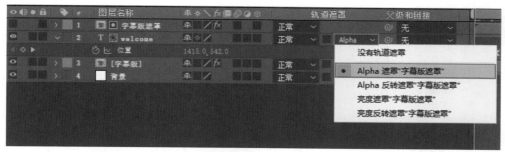

图6-99

（7）将文字图层的运动模糊开关开启，如图6-100和图6-101所示。

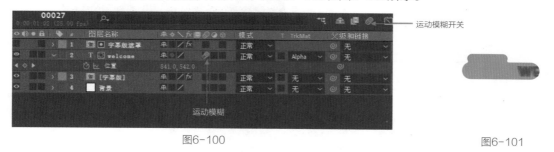

图6-100

图6-101

（8）动画制作完毕，效果如图6-102所示。

图6-102

6.4 添加音频

构成视频作品的元素很多，包括内容、画面、构图、情节、声音等，声音在视频作品中发挥着不可忽视的作用，恰如其分的声音能够配合视频中的情绪起伏，给观众听觉上的舒适感和愉悦感。在制作视频时，可以在不同的场景添加不同的音效，这样可以突出视频要表达的内容。音效就是用声音制造出来的效果，可以增强场景的真实感、烘托气氛等。

6.4.1 添加音效与背景音乐

导入音频文件有以下3种方式。

（1）在"项目"面板的空白处双击，如图6-103所示，在弹出的对话框中找到要导入的文件，单击"导入"按钮，如图6-104所示。

图6-103

图6-104

（2）直接选中音频文件，将其拖曳至"项目"面板中。

（3）执行"文件 > 导入 > 文件"命令，如图6-105所示，在弹出的对话框中找到要导入的文件，单击"导入"按钮。

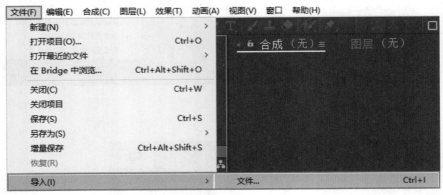

图6-105

无论使用哪种方式导入音频，"项目"面板中都会显示导入的文件，如图6-106所示。

图6-106

将导入的音频文件拖入"时间轴"面板中，如图6-107所示。

图6-107

这时按数字键0可以试听声音，检查声音的准确性。当有多层音频文件时，可以对它们进行拖曳和裁切等操作，如图6-108所示。

图6-108

6.4.2 简单的音频处理

下面举一个处理音频的简单例子。先将音频文件导入"时间轴"面板中，如图6-109所示。

图6-109

展开"音频"图层的属性,会显示"音频电平"属性,如图6-110所示。

"音频电平"的默认数值为0,是原音频的音量大小,可以修改此数值来修改音量,如图6-111所示。

图6-110

图6-111

展开"波形"属性,"时间轴"面板右侧会显示声音的音波,如图6-112所示。

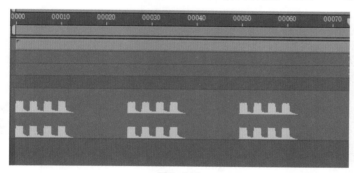

图6-112

此时调节"音频电平"的数值,会发现设置的数值越小,音波越低,反之就越高,如图6-113和图6-114所示。

图6-113

图6-114

6.4.3　案例：为视频添加背景音乐

本案例讲解通过调整"音频电平"属性控制音量大小的方法，并为视频添加音量合适的背景音乐。

1. 导入文件

启动After Effects 2021，导入之前制作的"街景"文件，并将其拖入"时间轴"面板中，如图6-115～图6-117所示。

图6-115

图6-116

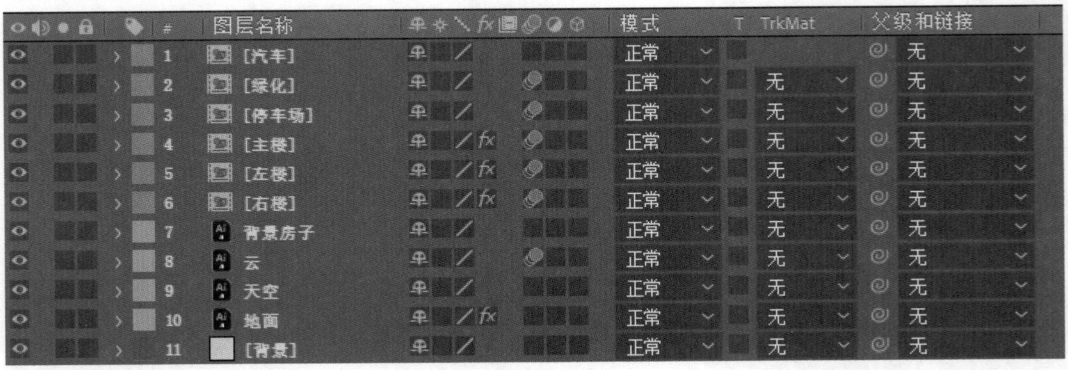

图6-117

2. 导入声音文件

（1）将声音文件导入合成。先导入环境声，将其拖入"时间轴"面板中，按数字键0试听声音，如图6-118所示。

（2）将汽车声导入合成，按数字键0试听声音，如图6-119所示。

（3）试听时发现汽车声和环境声的音量过大，可以降低它们的音量。选中汽车声，展开

"音频"属性,将"音频电平"降到－10,如图6-120所示。

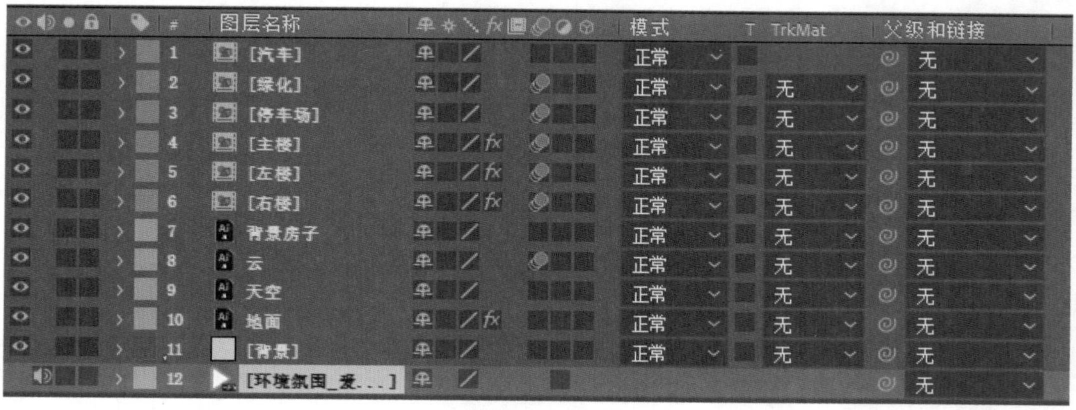

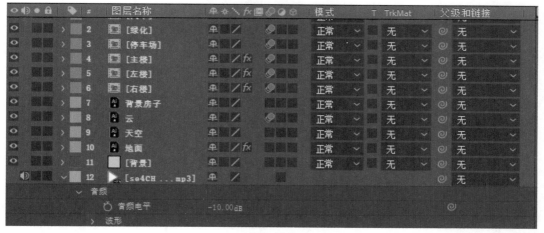

图6-118

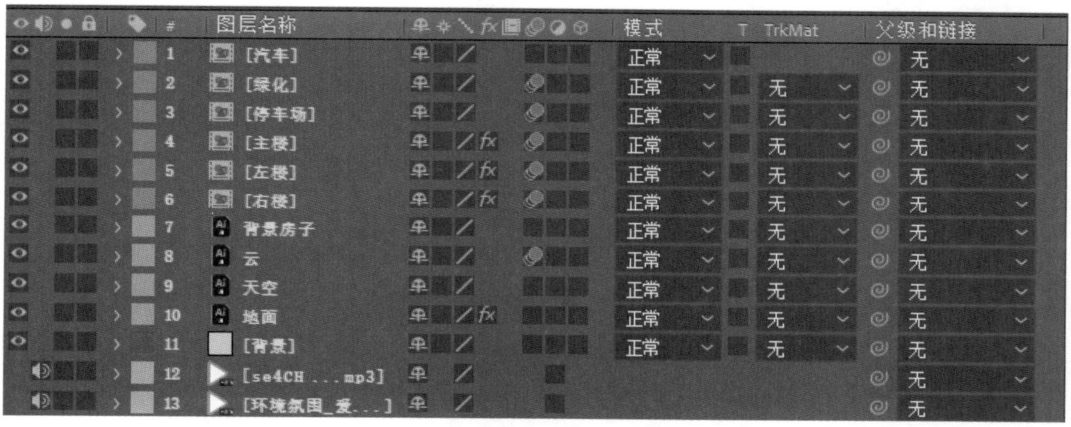

图6-119

图6-120

（4）选中环境声,将"音频电平"降低至－6,如图6-121所示。

（5）导入微风的声音,并将其拖入"时间轴"面板中,如图6-122和图6-123所示。

（6）按数字键0试听声音,发现微风声的音量比较小,可将"音频电平"增大,如图6-124所示。

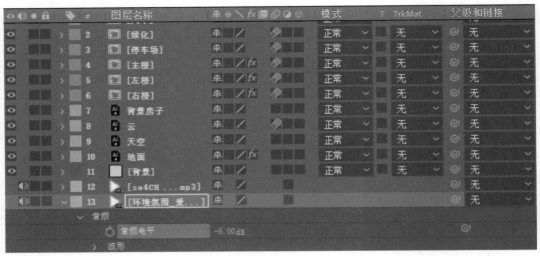

图6-121

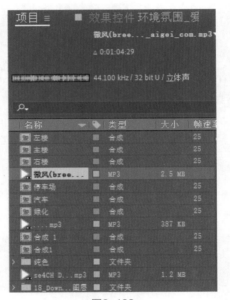

图6-122

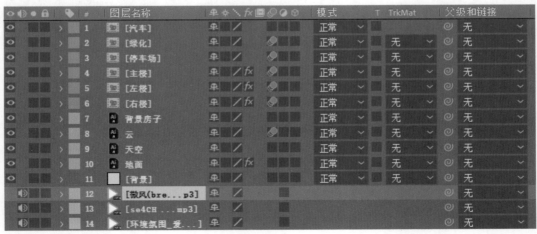

图6-123

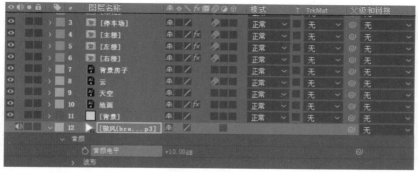

图6-124

6.5 课堂案例：制作霓虹灯效果动画

 资源位置

素材文件	素材文件>CH06>课堂案例：制作霓虹灯效果动画
实例文件	实例文件>CH06>课堂案例：制作霓虹灯效果动画.aep

微课视频

本案例讲解如何通过调色、添加Saber效果等方法制作霓虹灯效果动画，完成后的效果如图6-125所示。

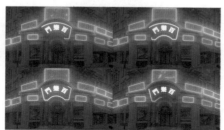

图6-125

6.5.1 导入图片

启动After Effects 2021，双击"项目"面板的空白处，在弹出的对话框中找到图片素材，单击"导入"按钮，并将其拖入时间轴面板中，如图6-126和图6-127所示。

图6-126

图6-127

（1）在图片图层上单击鼠标右键，在弹出的快捷菜单中执行"效果 > 颜色校正 > 曲线"命令，如图6-128所示。此时的"效果控件"面板如图6-129所示。

图6-128　　　　　　　　　　　　　　　　　　　图6-129

（2）调节曲线形状，如图6-130所示，降低图片亮度，效果如图6-131所示。

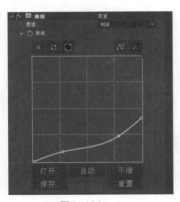 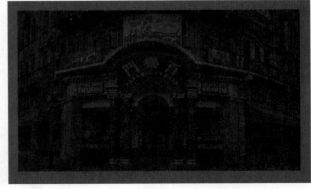

图6-130　　　　　　　　　　　　　　　　　　　图6-131

（3）调整图片的色相和饱和度，在图片图层上单击鼠标右键，在弹出的快捷菜单中执行"效果 > 颜色校正 > 色相/饱和度"命令，如图6-132所示。此时的"效果控件"面板如图6-133所示。

 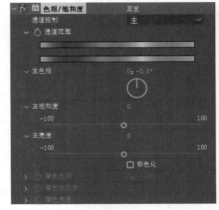

图6-132　　　　　　　　　　　　　　　　　　　图6-133

（4）勾选"彩色化"复选框，将颜色更改为蓝色，如图6-134所示，这样就有了夜晚的感觉，效果如图6-135所示。

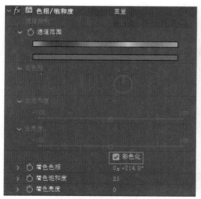

图6-134

图6-135

（5）创建"百""樂""門"3个文字图层，修改文字的颜色为白色，调整文字的大小并将它们旋转到合适的角度，如图6-136和图6-137所示。

图6-136

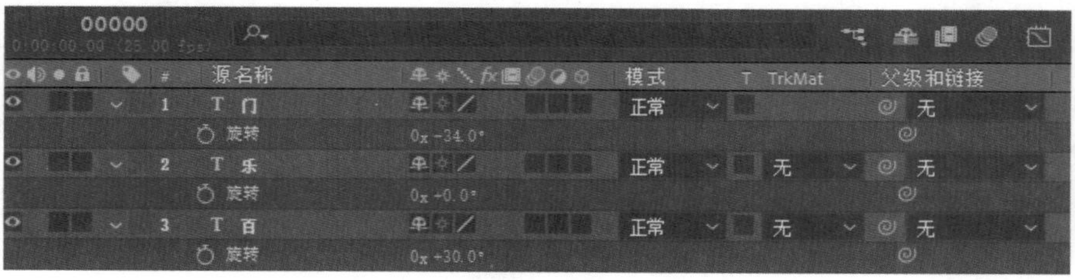

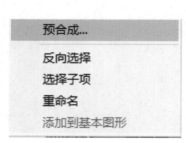

图6-137

（6）选中这3个文字图层，单击鼠标右键，在弹出的快捷菜单中执行"预合成"命令，如图6-138所示，在弹出的"预合成"对话框中设置"新合成名称"为"文字"，如图6-139所示。

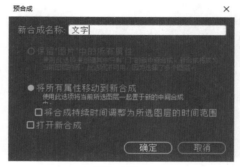

图6-138

图6-139

（7）双击进入"文字"合成，创建一个白色的纯色图层，将其重命名为"百"，如图6-140和图6-141所示。

图6-140

图6-141

（8）选中"百"图层，单击鼠标右键，在弹出的快捷菜单中执行"效果 > Video Copilot > Saber"命令，如图6-142所示。此时的"效果控件"面板如图6-143所示。

图6-142　　　　　　　　　　　　　　　　　　图6-143

（9）展开"自定义主体"选项，将"主体类型"修改为"文字图层"，将"文字图层"修改为"4. 百"，将"预设"修改为"小辉光"，如图6-144所示，效果如图6-145所示。

图6-144　　　　　　　　　　　　　　　　图6-145

（10）将"百"图层的"模式"修改为"屏幕"，将其他图层显示出来，如图6-146至图6-148所示。

图6-146　　　　　　　　　图6-147　　　　　　　　　图6-148

（11）复制"百"图层并重命名为"乐"，按照第（8）、（9）步的方法为其添加Saber效果，在"效果控件"面板中将"主题类型"修改为"文字图层"，将"文字图层"修改为"4.乐"，设置"小辉光"的颜色为R=255、G=0、B=240，设置"辉光强度"为58%，如图6-149至图6-151所示。

图6-149

图6-150　　　　　　　　　　　　　　　图6-151

（12）按照第（8）～（11）步的操作将"门"图层的"小辉光"的颜色设置为R=234、G=255、B=0，如图6-152至图6-155所示。

图6-152

图6-153　　　　　　　图6-154　　　　　　　图6-155

159

（13）选中"文字"预合成，将其"模式"也更改为"屏幕"，如图6-156所示，效果如图6-157所示。

图6-156

图6-157

（14）新建一个纯色图层，使用"钢笔工具"绘制牌匾，如图6-158所示，将对应图层重命名为"牌匾"，如图6-159所示。

图6-158

图6-159

（15）选中"牌匾"图层，单击鼠标右键，在弹出的快捷菜单中执行"效果 > Video Copilot > Saber"命令，在"效果控件"面板中设置"预设"为"霓虹"，"辉光强度"为28%，如图6-160所示，效果如图6-161所示。

图6-160

图6-161

（16）新建一个纯色图层，使用"钢笔工具"绘制屋檐，如图6-162和图6-163所示。

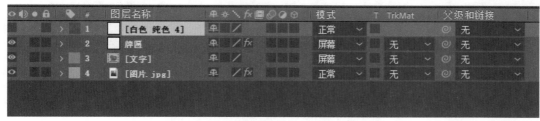

图6-162

图6-163

（17）使用同样的方法为其添加霓虹灯效果，并更改"辉光颜色""辉光强度""主体大小"，如图6-164所示，效果如图6-165所示。

图6-164

图6-165

（18）使用"钢笔工具"继续绘制牌匾，如图6-166和图6-167所示。

图6-166

图6-167

（19）分别为每一块牌匾添加霓虹灯效果，如图6-168所示。

（20）观看效果，发现屋檐应该挡住中间的牌匾，因此需要为中间的牌匾添加遮罩，如图6-169和图6-170所示。

（21）添加遮罩后的效果如图6-171所示。

（22）绘制中间牌匾上的人物图案，并为其添加霓虹灯效果，如图6-172和图6-173所示。

图6-168

图6-169

图6-170

图6-171

图6-172

图6-173

💡 提示　霓虹灯效果的颜色和强度都可以自行设计。

6.5.3 制作动画

（1）选中"人物"图层，将"开始大小"调整为200%，将时间指示器移动至起始帧处，将"开始偏移"调整为0%，创建关键帧；再将时间指示器移动到第20帧的位置，将"开始偏移"调整为100%，如图6-174所示，效果如图6-175所示。

图6-174

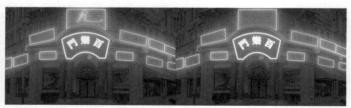
图6-175

（2）将时间指示器移动到第27帧的位置，创建关键帧；再将时间指示器移动到第50帧的位置，将"开始偏移"调整为0%，如图6-176所示，效果如图6-177所示。

图6-176

图6-177

（3）这样就完成了一个循环，复制所有关键帧，将时间指示器移动到第56帧的位置，粘贴关键帧，如图6-178所示。

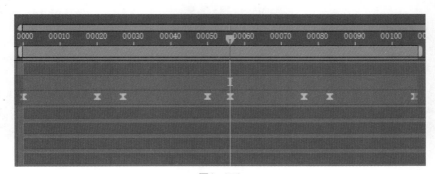

图6-178

（4）选中"牌匾"图层，将时间指示器移动到起始帧处，将"开始大小"调整为0%，将"开始偏移"调整为100%，创建关键帧，如图6-179和图6-180所示。

图6-179

图6-180

（5）将时间指示器移动到第24帧的位置，将"开始大小"调整为100%，将"开始偏移"调整为0%，如图6-181至图6-183所示。

图6-181

图6-182

图6-183

（6）为"结束大小"和"结束偏移"属性创建关键帧，将时间指示器移动到第48帧的位置，将"结束大小"和"结束偏移"调整为0%，如图6-184至图6-186所示。

图6-184

图6-185

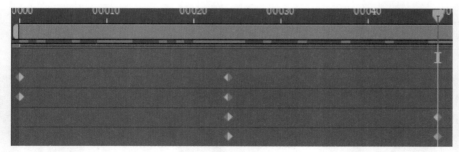

图6-186

（7）将时间指示器移动到第48帧的位置，按Ctrl+Shift+D组合键切割图层，将"牌匾"图层分成两份，如图6-187所示。

图6-187

（8）这样牌匾的光效就可以循环运动了，如图6-188所示。

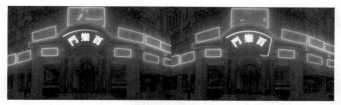

图6-188

（9）进入"文字"预合成，给"百""乐""门"3个图层制作闪烁效果，各个图层的"闪烁"参数分别如图6-189～图6-191所示。

（10）查看最终的动画效果，如图6-192所示。

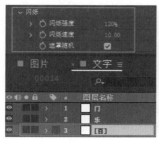

图6-189

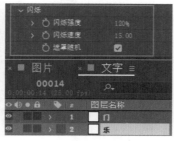

图6-190

图6-191

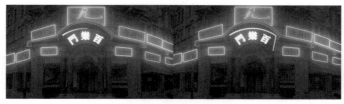

图6-192

 课后练习 **制作MG片头**

> **资源位置**

素材文件	素材文件>CH06>课后习题：制作MG片头
实例文件	实例文件>CH06>课后习题：制作MG片头.aep

微课视频

根据本章所学内容制作MG片头，完成后的效果如图6-193所示。

图6-193

❶ 用形状工具和"钢笔工具"等绘制素材，如图6-194所示。

图6-194

❷ 为素材制作动画，如图6-195和图6-196所示。

图6-195

图6-196

❸ 添加文字，如图6-197所示。

❹ 添加效果，如图6-198所示。

图6-197

图6-198

❺ 添加声音，如图6-199所示。

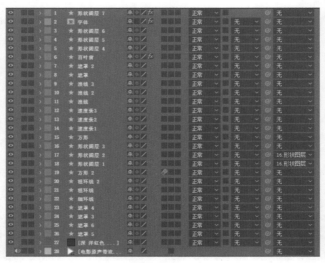

图6-199

第 7 章 综合案例

本章结合之前介绍的制作MG动画的知识，通过案例设计、案例制作详细讲解MG动画的制作流程和After Effects的强大功能。读者在学习完本章后，可以快速掌握制作MG动画的技术要点，设计出令人满意的作品。

素材
文件　素材文件>CH07>制作矢量图形插花风格MG动画

实例
文件　实例文件>CH07>制作矢量图形插花风格MG动画
.aep

　　本案例先用Illustrator制作素材，再将素材导入After Effects中制作插画风格动画，完成后的效果如图7-1所示。

图7-1

7.1.1　在Illustrator中绘制场景

　　（1）启动Illustrator 2021，新建文件，使用"矩形工具"绘制一个矩形，如图7-2所示。
　　（2）使用"矩形工具"和"圆角矩形工具"绘制门，如图7-3所示。
　　（3）选中所有门图层，按Ctrl+G组合键编组，然后复制门，一层排列3扇门，一共两层，如图7-4所示。

图7-2

图7-3

图7-4

　　（4）制作侧边门窗。复制一扇门，将门图层移动至楼房主体图层的下层，只露出门的边缘，如图7-5和图7-6所示。
　　（5）绘制墙体。使用"圆角矩形工具"绘制方砖，随机摆放方砖，如图7-7所示。

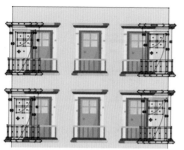
图7-5

图7-6

图7-7

 提示　使用"圆角矩形工具"绘制图形时，如果图形边角过于圆滑，则选择"直接选择工具"会显示出图形的边角构件，如图7-8所示，可以改变边角构件的位置使图形边角更尖锐，让图形看起来更像方砖，如图7-9所示。

图7-8

图7-9

（6）使用"圆角矩形工具"绘制楼顶，如图7-10所示。

 提示　楼顶的绘制方法是：先使用"圆角矩形工具"绘制一个圆角矩形，然后使用"矩形工具"绘制一个矩形，使其刚好遮盖住圆角矩形的一半；选中两个图层，再选择"形状生成器工具"，按住Alt键单击以减去多余的部分。

（7）绘制楼顶的栏杆，如图7-11所示。
（8）使用同样的方法绘制前门，如图7-12所示。

图7-10

图7-11

图7-12

（9）绘制壁灯，如图7-13所示。
（10）将壁灯的图层编组，复制壁灯到另一侧，如图7-14所示。

图7-13

图7-14

（11）使用"圆角矩形工具"和"椭圆工具"绘制花坛，如图7-15所示。

（12）楼房主体绘制完毕，效果如图7-16所示。

图7-15

图7-16

（13）绘制地面，如图7-17所示。

（14）绘制楼房两侧的路灯，如图7-18所示。

图7-17

图7-18

（15）绘制楼房两侧的树，如图7-19所示。

（16）使用"矩形工具"绘制蓝色背景，如图7-20所示。

图7-19

图7-20

提示 绘制蓝色背景的主要目的是区分主体和背景，为后续绘制云朵做铺垫。

（17）使用"椭圆工具"绘制云朵，如图7-21所示。

（18）使用"椭圆工具"绘制晨光，如图7-22所示。

图7-21

图7-22

（19）整理场景，分组依次重命名图层，如图7-23所示。

图7-23

提示 在Illustrator中分组非常重要，默认情况下导入After Effects中的Illustrator文件是一个整体，而分组后可以以组的形式导入文件，方便制作动画。重命名操作也可以在After Effects中进行，这主要取决于个人的操作习惯，不做强制要求。但是良好的工作习惯会大大提高工作效率。

（20）绘制房车。使用"钢笔工具"绘制车体，开启描边，设置描边宽度为4pt，效果如图7-24所示。

（21）使用"钢笔工具"绘制车的前窗，如图7-25所示。

（22）绘制车窗，如图7-26所示。

图7-24   图7-25   图7-26

（23）绘制车窗上的高光，如图7-27所示。

（24）绘制车门，如图7-28所示。

（25）绘制车的其他细节，如图7-29所示。

图7-27   图7-28   图7-29

 提示 在绘制车的细节时应注意：如果直接用"钢笔工具"画线，那么线的边缘是直的；而这里是使用"圆角矩形工具"绘制的，所以其边缘是圆的。

（26）绘制轮胎与行李架，如图7-30所示。

（27）使用"圆角矩形工具"绘制车灯，如图7-31所示。

（28）使用"圆角矩形工具"绘制行李，如图7-32所示。

图7-30   图7-31   图7-32

 提示 在绘制行李时，行李的颜色、形状应该有区别。

（29）整理场景，更改组的名称，如图7-33所示。

（30）使用"渐变工具"绘制天空，调整渐变颜色，如图7-34所示，效果如图7-35所示。

（31）使用"矩形工具"绘制地面，如图7-36所示。

（32）使用"矩形工具"绘制海水和高光，再使用"圆角矩形工具"绘制波光，如图7-37所示。

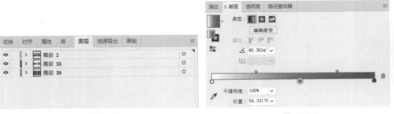

图7-33 图7-34 图7-35

图7-36

图7-37

（33）使用"钢笔工具"绘制椰树，如图7-38所示。

（34）使用"钢笔工具"绘制远处的山，如图7-39所示。

图7-38 图7-39

（35）使用"钢笔工具"绘制云，场景绘制完毕，效果如图7-40所示。

（36）整理场景，依次更改图层名称，如图7-41所示。

图7-40 图7-41

7.1.2 在After Effects中导入文件

（1）启动After Effects 2021，将在Illustrator中绘制的楼房场景导入After Effects，将"导入为"设置为"合成-保持图层大小"，检查图层内容是否正确，如图7-42至图7-44所示。

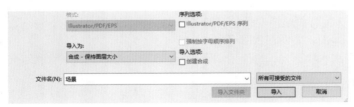

图7-42 图7-43

图7-44

 提示 将Illustrator文件导入After Effects中时要导入合成，这样导入的文件才有分图层。

（2）导入海滩场景，如图7-45和图7-46所示。

图7-45

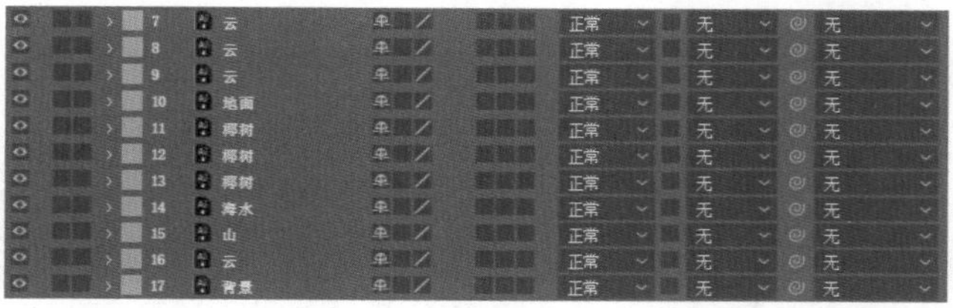

图7-46

（3）导入房车文件，如图7-47所示。

（4）调整图层的顺序，再添加两个形状图层，如图7-48和图7-49所示。

图7-47

图7-48

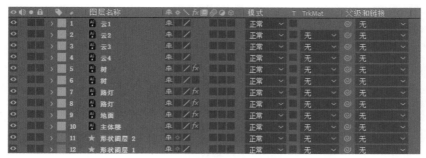

图7-49

（5）为房车添加阴影，如图7-50和图7-51所示。

图7-50

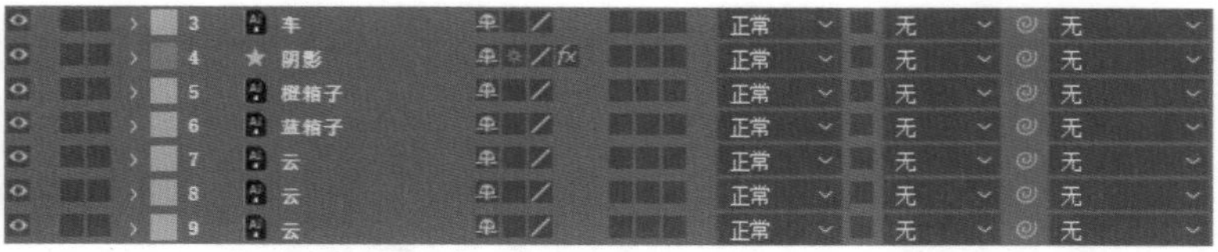

图7-51

（6）新建两个合成并命名为"尾气"，将它们移动到最上层，如图7-52所示。

图7-52

（1）选中"主体楼"图层，将时间指示器移动至起始帧处，按S键显示"缩放"属性，将约束比例功能关闭，再将"缩放"的y轴数值调整为0%，创建关键帧，如图7-53和图7-54所示。

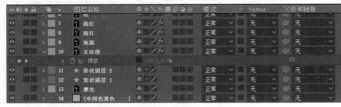

图7-53

图7-54

（2）将时间指示器移动至第9帧的位置，将"缩放"的y轴数值调整为100%，如图7-55所示，效果如图7-56所示。

图7-55

图7-56

（3）选中两个关键帧，在"Motion 2"面板中为它们添加"回弹"效果，如图7-57所示。

图7-57

（4）选中"地面"图层，将时间指示器移动至起始帧处，按S键显示"缩放"属性，将"缩放"调整为（0，0%）；再将时间指示器移动至第14帧的位置，将"缩放"调整为（100，100%），如图7-58所示，效果如图7-59所示。

图7-58

图7-59

（5）使用同样的方法制作"路灯"图层的动画，将时间指示器移动至起始帧处，按S键显示"缩放"属性，将约束比例功能关闭，将"缩放"的y轴数值调整为0%，创建关键帧；再将时间指示器移动至第11帧的位置，将"缩放"的y轴数值调整为100%，如图7-60所示，效果如图7-61所示。

图7-60

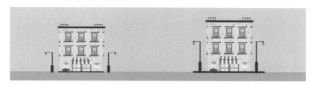

图7-61

（6）使用同样的方法为"树"图层制作动画，如图7-62所示，效果如图7-63所示。

图7-62

图7-63

（7）选中"云"图层，先制作云的位移动画，然后按S键显示"缩放"属性，制作云的缩放动画，如图7-64所示，效果如图7-65所示。

图7-64

图7-65

（8）为两个形状图层制作动画，关闭填充，开启描边，将描边宽度增大到70，如图7-66所示，为其制作缩放动画，效果如图7-67所示。

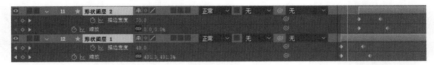

图7-66

图7-67

（1）选中"车"图层，按S键显示"缩放"属性，将约束比例功能关闭，将时间指示器移动至起始帧处，将"缩放"的x轴数值调整为0%，将"缩放"的y轴数值调整为71%；再将时间指示器移动至第3帧的位置，将"缩放"的x轴数值调整为71%，效果如图7-68所示。

图7-68

（2）将时间指示器移动至起始帧处，按P键显示"位置"属性，创建关键帧；再将时间指示器移动至第6帧的位置，向下移动房车，如图7-69所示，效果如图7-70所示。

图7-69

图7-70

（3）将时间指示器移动至第11帧的位置，再将房车向下移动，如图7-71所示，效果如图7-72所示。

图7-71

图7-72

（4）将时间指示器移动至第8帧的位置，将"缩放"属性的y轴数值修改为66%，如图7-73所示；再将时间指示器移动至第10帧的位置，将"缩放"修改为（71，71%），如图7-74所示，效果如图7-75所示。

图7-73

图7-74

图7-75

（5）将时间指示器移动至第60帧的位置，将房车向左移出画面，如图7-76所示，效果如图7-77所示。

图7-76

图7-77

（6）选中橙色行李箱，按P键显示"位置"属性，将时间指示器移动至起始帧处，创建关键帧；将时间指示器移动至第6帧的位置，将橙色行李箱沿y轴向下移动；将时间指示器移动至第8帧的位置，将橙色行李箱沿y轴向下移动；将时间指示器移动至第10帧的位置，将橙色行李箱沿y轴向上移动；将时间指示器移动至第11帧的位置，将橙色行李箱沿y轴调整至正常位置，如图7-78所示。

（7）使用同样的方法为蓝色行李箱制作动画，效果如图7-79所示。

图7-78

图7-79

（8）双击进入"尾气"合成，使用"椭圆工具"绘制圆形，将时间指示器移动至第10帧的位置，为"位置""缩放""不透明度"属性分别创建关键帧，如图7-80所示，效果如图7-81所示。

图7-80

图7-81

（9）将时间指示器移动至第46帧的位置，将"位置"调整为（1844.5，860），将"缩放"调整到（170，170%），再将"不透明度"调整为0%，如图7-82所示，效果如图7-83所示。

图7-82

图7-83

（10）复制两个图层，在"时间轴"面板右侧将它们错开，如图7-84所示，使圆形动画依次播放，效果如图7-85所示。

图7-84

图7-85

（11）选中3个图层，将它们复制到第2个"尾气"合成中，在"时间轴"面板右侧错开它们的位置，并为新复制的"尾气"图层与"车"图层建立父子关系，如图7-86所示，效果如图7-87所示。

图7-86

图7-87

7.1.5 制作转场动画

（1）按照6.2.6小节介绍的方法制作转场动画，将合成命名为"遮罩"，图层顺序和对应的效果分别如图7-88和图7-89所示。

图7-88

图7-89

（2）使用同样的方法再创建一个转场动画，将合成命名为"遮罩2"，图层顺序和对应的效果分别如图7-90和图7-91所示。

图7-90

图7-91

7.1.6 合成并渲染导出动画

（1）新建一个合成，如图7-92所示。

图7-92

（2）将"遮罩"合成拖入新建的合成中，如图7-93所示，效果如图7-94所示。

图7-93　　　　　　　　　　　　　　　　　　　图7-94

（3）将海滩房车场景拖入合成中，再将"场景"图层移动至"遮罩"图层的下层，在"时间"轴面板右侧移动它们的位置，如图7-95所示，效果如图7-96所示。

图7-95　　　　　　　　　　　　　　　　　　　图7-96

（4）将"遮罩2"合成拖入合成中，在"时间轴"面板右侧移动它们的位置，如图7-97所示，效果如图7-98所示。

图7-97　　　　　　　　　　　　　　　　　　　图7-98

（5）将"楼房场景"合成拖入合成中，在"时间轴"面板右侧移动它们的位置，如图7-99所示，效果如图7-100所示。

图7-99　　　　　　　　　　　　　　　　图7-100

（6）执行"合成>添加到渲染队列"命令，如图7-101和图7-102所示。

图7-101　　　　　　　　　　　　　　　　图7-102

（7）单击"渲染设置"，在"渲染设置"对话框中将"品质"设置为"最佳"，在"帧速率"中选择第一个单选项，如图7-103所示。

（8）单击"输出模块"，在"输出模块设置"对话框中将"格式"由默认的"AVI"修改为"QuickTime"，如图7-104和图7-105所示。

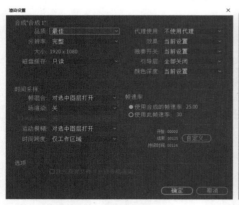

图7-103　　　　　　　　图7-104　　　　　　　　图7-105

（9）单击"输出到"，设置文件名和保存类型等，如图7-106所示。

（10）设置完毕，单击"渲染"按钮，等待渲染完毕，如图7-107所示。

图7-106　　　　　　　　　　　　　　　　图7-107

7.2 制作旅游类MG动画

> **资源位置**

| 素材文件 | 素材文件>CH07>制作旅游类MG动画 |
| 实例文件 | 实例文件>CH07>制作旅游类MG动画.aep |

本案例先用Illustrator制作人物及场景素材,再将素材导入After Effects中制作动画,完成后的效果如图7-108所示。

图7-108

7.2.1 在Illustrator中绘制场景

1. 绘制办公室场景

(1)启动Illustrator 2021,绘制办公室场景。使用"矩形工具"绘制一个灰色矩形,如图7-109所示。

(2)使用"矩形工具"绘制深灰色的地面,如图7-110所示。

(3)使用"矩形工具"绘制墙面,如图7-111所示。

图7-109　　　　　　　　图7-110　　　　　　　　图7-111

(4)使用"矩形工具"绘制桌子,如图7-112所示。

(5)使用"矩形工具"和"圆角矩形工具"绘制书架和书,如图7-113所示。

 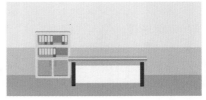

图7-112　　　　　　　　　　　图7-113

(6)使用同样的方法绘制立柜,如图7-114所示。

（7）使用"钢笔工具"和"圆角矩形工具"绘制窗户与窗帘等，如图7-115所示。

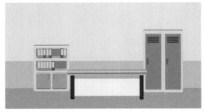

图7-114

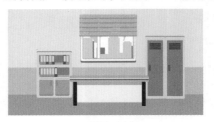
图7-115

（8）使用同样的方法绘制空调，如图7-116所示。

（9）绘制白板，如图7-117所示。

图7-116

图7-117

（10）绘制桌上的杯子，如图7-118所示。

（11）使用"圆角矩形工具"和"椭圆工具"绘制桌上的计算机，如图7-119所示。

图7-118

图7-119

（12）绘制桌上的图书，如图7-120所示。

（13）绘制椅子，如图7-121所示。

图7-120

图7-121

（14）整理场景，依次更改图层名称，如图7-122所示。

2. 绘制鸟巢场景

（1）绘制鸟巢场景。使用"钢笔工具""圆角矩形工具"绘制鸟巢，如图7-123所示。

（2）使用"圆角矩形工具"绘制鸟巢下方的绿化带，如图7-124所示。

（3）使用"钢笔工具"绘制白色棚子，如图7-125所示。

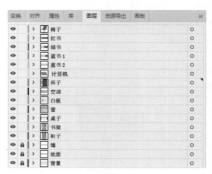
图7-122

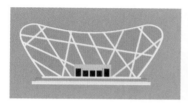

图7-123

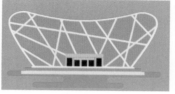

图7-124

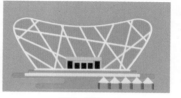

图7-125

（4）整理场景，依次更改图层名称，如图7-126所示。

图7-126

3. 绘制东方明珠场景

（1）绘制东方明珠场景。使用"矩形工具"绘制粉色背景，如图7-127所示。

（2）使用"椭圆工具""钢笔工具"等绘制东方明珠塔，如图7-128所示。

（3）使用"矩形工具"绘制背景建筑，如图7-129所示。

图7-127　　　　　　　　图7-128　　　　　　　　图7-129

（4）使用"椭圆工具"绘制云朵，如图7-130所示。

（5）整理场景，依次更改图层名称，如图7-131所示。

图7-130

图7-131

4. 绘制天坛场景

（1）绘制天坛场景。使用"矩形工具"绘制天空，如图7-132所示。

（2）使用"圆角矩形工具"绘制天坛的塔尖，如图7-133所示。

图7-132

图7-133

（3）使用"钢笔工具""矩形工具"绘制天坛的顶层，如图7-134所示。

（4）使用同样的方式绘制天坛的第2层，如图7-135所示。

（5）使用"矩形工具""圆角矩形工具"绘制天坛的底层，如图7-136所示。

（6）使用"矩形工具"绘制天坛的底部台阶，如图7-137所示。

（7）使用"椭圆工具"绘制背景图形，如图7-138所示。

图7-134

图7-135

图7-136

图7-137

图7-138

（8）使用"矩形工具"绘制地面，如图7-139所示。

（9）使用"椭圆工具"绘制太阳，如图7-140所示。

图7-139

图7-140

（10）整理场景，依次更改图层名称，如图7-141所示。

👁	∨ 🖼 图层 1	○
👁	＞ ⛩ 天坛	○
👁	＞ ☐ 太阳	○
👁	＞ ◼ 假山	○
👁	＞ ◼ 假山	○
👁	＞ ◼ 假山	○
👁	☐ 草地	○
👁	＞ ◼ 假山	○
👁	◼ 天空	◉

图7-141

5. 绘制气垫床场景

（1）绘制气垫床场景。使用"矩形工具"绘制背景，如图7-142所示。

（2）使用"圆角矩形工具"绘制气垫床，如图7-143所示。

（3）使用"椭圆工具"绘制游泳圈，如图7-144所示。

图7-142

图7-143

图7-144

（4）整理场景，依次更改图层名称，如图7-145和图7-146所示。

图7-145

图7-146

6. 绘制飞机窗口场景

（1）绘制飞机窗口场景。使用"矩形工具"绘制背景，如图7-147所示。

（2）使用"矩形工具"绘制天空，如图7-148所示。

（3）使用"钢笔工具"绘制小岛，如图7-149所示。

图7-147

图7-148

图7-149

（4）复制绘制的小岛并旋转，再将其摆放到合适的位置，如图7-150所示。

（5）使用"圆角矩形工具"绘制飞机的安全窗，如图7-151所示。

（6）绘制机翼，如图7-152所示。

图7-150

图7-151

图7-152

7. 绘制剩余场景

用同样的方式绘制机场场景和飞机飞过海岸的场景，如图7-153和图7-154所示。由于篇幅限制，此处不再详细讲解操作步骤，读者可观看视频学习，相应的素材文件也会作为附赠资源提供，绘制场景时需要耐心和细心，希望读者能够尝试自己把所有场景绘制出来。

图7-153

图7-154

8. 设计人物

（1）设计人物。使用"钢笔工具""椭圆工具"和"圆角矩形工具"绘制人物头部，如图7-155所示。

（2）绘制衣服、鞋子、手等，如图7-156所示。

图7-155

图7-156

人物的姿势会随场景的变化而变化,由于篇幅限制此处就不一一绘制了。本案例有3个带人物的场景,分别是办公室场景、机场拍照场景、泳池场景,将设计好的人物调整为合适的姿势后放入场景,如图7-157~图7-159所示。

图7-157

图7-158

图7-159

7.2.2 在After Effects中制作动画

1. 制作办公室场景动画

(1)新建After Effects项目文件,在"项目"面板的空白处双击,将绘制好的办公室场景导入After Effects中,如图7-160至图7-162所示。

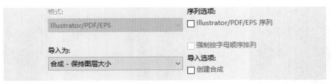

图7-160

图7-161

图7-162

(2)设置动画,将动画时间设置成2秒,为"男人"和"椅子"图层建立父子关系,如图7-163所示。

图7-163

 动画的帧速率是25帧/秒,这里说的2秒即50帧。

(3)将时间指示器移动至起始帧处,将"椅子""男人"图层中的内容沿 x 轴方向移出画面,将"红书""绿书""蓝书1""蓝书2""杯子""计算机"图层中的内容沿 y 轴方向移出画面,如图7-164所示，并为以上图层创建关键帧，如图7-165所示。

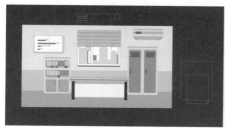

图7-164   图7-165

（4）将时间指示器移动至第5帧的位置，将"红书""绿书""蓝书1""蓝书2"图层中的内容沿y轴移动，效果和具体参数分别如图7-166和图7-167所示。

图7-166   图7-167

（5）将时间指示器移动至第7帧的位置，将"红书""绿书""蓝书1""蓝书2"图层中的内容沿y轴向上移动，效果和具体参数分别如图7-168和图7-169所示。

图7-168   图7-169

（6）将时间指示器移动至第22帧的位置，将"红书""绿书""蓝书1""蓝书2"图层中的内容沿y轴向下移动，效果和具体参数分别如图7-170和图7-171所示。

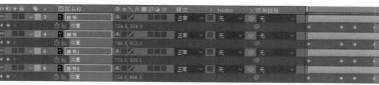

图7-170   图7-171

（7）制作计算机动画。将中心点移动至计算机右下角的位置，按S键显示"旋转"属性，将时间指示器移动至第8帧的位置，将"旋转"更改为0x+11°；将时间指示器移动至第9帧的位置，为"旋转"属性添加关键帧，并按组合键P打开"位置"属性，将计算机沿y轴向下移动，效果和具体参数分别如图7-172和图7-173所示。

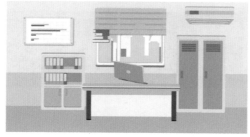

图7-172

图7-173

（8）将时间指示器移动至第10帧的位置，将"旋转"更改为0x+0°，效果和参数分别如图7-174和图7-175所示。

图7-174

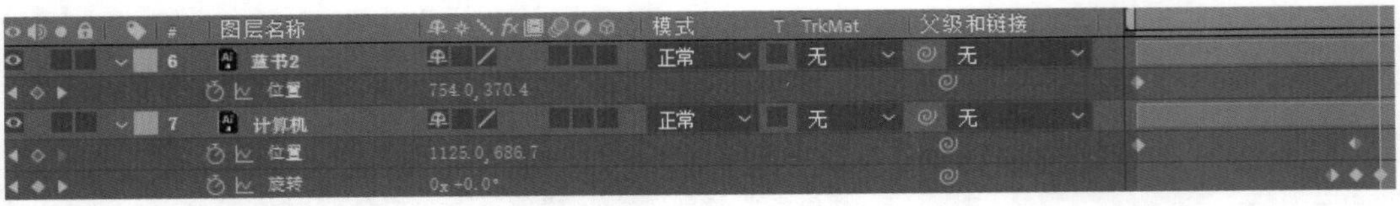

图7-175

（9）将时间指示器移动至第11帧的位置，将"旋转"更改为0x+4°，效果和参数分别如图7-176和图7-177所示。

图7-176

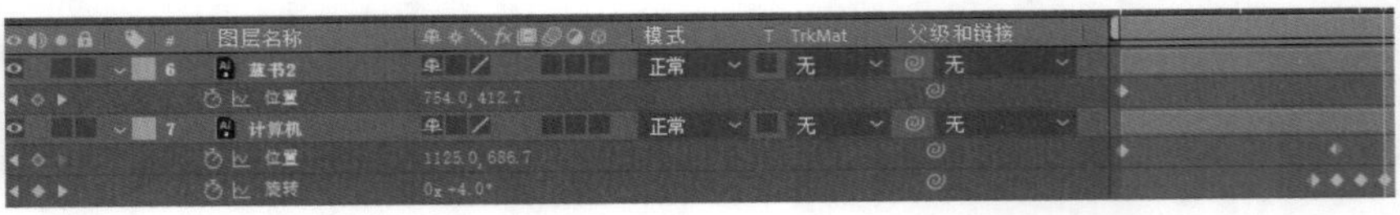

图7-177

（10）将时间指示器移动到第12帧的位置，将"旋转"更改为0x+0°，效果和参数分别如图7-178和图7-179所示。

图7-178

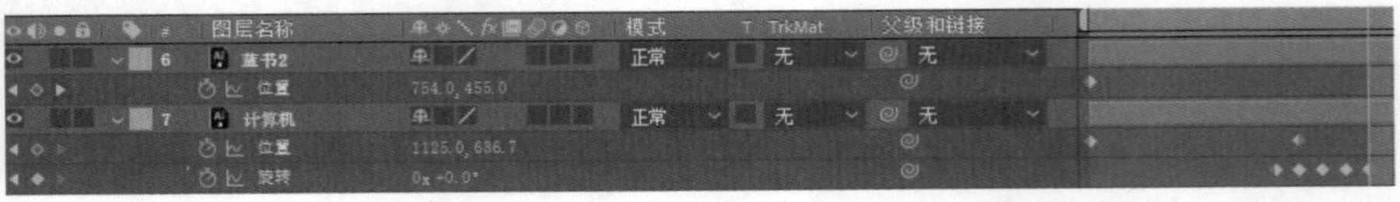

图7-179

（11）制作杯子的动画。将时间指示器移动至第5帧的位置，将杯子沿y轴向下移动，最后落在桌子上，效果和具体参数分别如图7-180和图7-181所示。

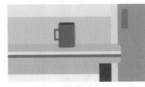

图7-180

图7-181

（12）将时间指示器移动至第7帧的位置，将杯子沿y轴向上移动，效果和具体参数分别如图7-182和图7-183所示。

图7-182

图7-183

（13）将时间指示器移动至第8帧的位置，将杯子沿y轴向下移动，效果和具体参数分别如图7-184和图7-185所示。

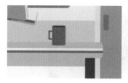

图7-184

图7-185

（14）将时间指示器移动第6帧的位置，将椅子沿x轴向左移动，办公室场景动画制作完毕，效果和具体参数分别如图7-186和图7-187所示。

图7-186

图7-187

2. 制作机场拍照场景动画

（1）导入第二个场景画面。在"项目"面板的空白处双击，导入机场拍照场景，如图7-188至图7-190所示。

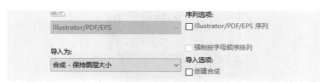

图7-188

图7-189

图7-190

（2）将时间指示器移动至起始帧处，在时间轴面板图层区域的空白处单击鼠标右键，在弹出的快捷菜单中执行"新建＞摄像机"命令，如图7-191和图7-192所示。

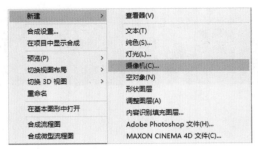

图7-191

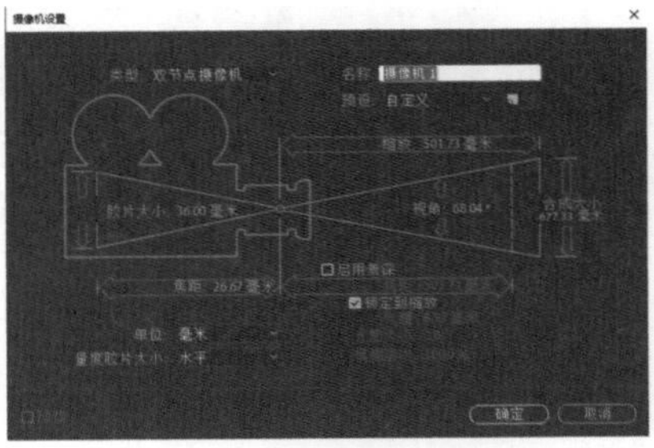

图7-192

（3）将"飞机"图层的3D开关开启，如图7-193所示。

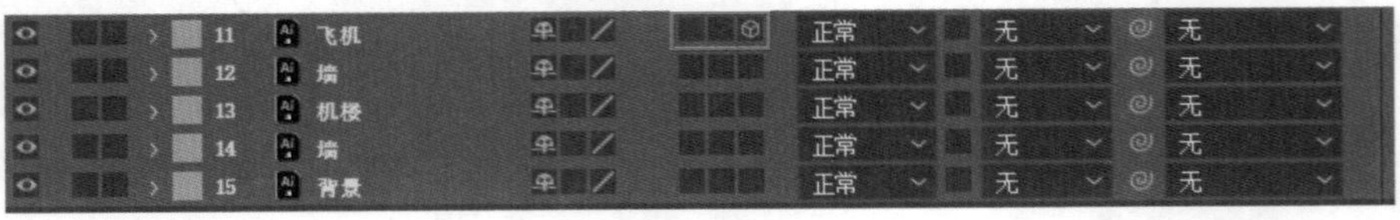

图7-193

（4）选中"飞机"图层，按P键显示"位置"属性，将时间指示器移动至起始帧处，创建关键帧，如图7-194所示，效果如图7-195所示。

图7-194

图7-195

（5）将时间指示器移动至第22帧的位置，将"位置"的z轴参数调整为负值，如图7-196所示，使飞机逐渐变大，效果如图7-197所示。

图7-196

图7-197

（6）使用Duik脚本制作人物胳膊的动画，打开Duik面板，如图7-198所示。

（7）选中"左胳膊"图层，使用"图钉工具"在关节处分别添加控点，如图7-199所示。

图7-198

图7-199

（8）按住Shift键依次选中控点，使用"添加骨骼"工具为这3个控点添加骨骼，如图7-200和图7-201所示。

图7-200　　　　　　　　　　　　　　　　　　图7-201

（9）骨骼添加完毕，"时间轴"面板中会出现3个控制器，分别用于控制胳膊上的3个控点，如图7-202所示。

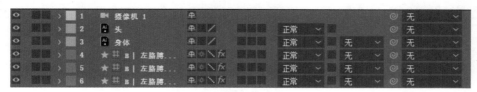

图7-202

（10）选中控点3和控点2，按P键显示"位置"属性，将时间指示器移动至起始帧处，创建关键帧，如图7-203所示。

图7-203

（11）选中"头"图层，将时间指示器移动至起始帧处，按R键显示"旋转"属性，调节"旋转"属性，如图7-204所示，在起始帧处将人物的头部摆正，效果如图7-205所示。

图7-204　　　　　　　　　　　　　　　　　　图7-205

（12）选中"手机"图层，将"手机"图层更改成控点3的子图层，将时间指示器移动至起始帧处，旋转手机，如图7-206所示，效果如图7-207所示。

图7-206　　　　　　　　　　　　　　　　　　图7-207

（13）选中控点3，将时间指示器移动至第16帧的位置，为"位置"属性制作动画，如图7-208所示，效果如图7-209所示。

图7-208

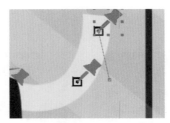

图7-209

（14）选中控点2，在同样的帧位置为"位置"属性制作动画，如图7-210所示，效果如图7-211所示。

图7-210

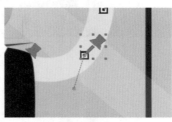

图7-211

（15）在同样的帧位置为手机的"旋转"属性制作动画，如图7-212所示，效果如图7-213所示。

图7-212

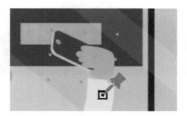

图7-213

（16）选中"头"图层，将时间指示器移动至第16帧的位置，修改"旋转"值，制作歪头的动作，如图7-214所示。

（17）创建形状图层并重命名为"闪光灯"，效果如图7-215所示。

图7-214

图7-215

（18）按T键显示"闪光灯"图层的"不透明度"属性，将时间指示器移动至第18帧的位置，将"不透明度"修改为0%；然后将时间指示器移动至第19帧的位置，将"不透明度"修改为15%；将时间指示器移动至第20帧的位置，将"不透明度"修改为0%，如图7-216所示。

图7-216

（19）将时间指示器移动至第23帧的位置，复制前面创建的3个关键帧并粘贴在此位置，如图7-217所示，机场拍照场景动画制作完毕，效果如图7-218所示。

图7-217

图7-218

3. 制作鸟巢场景动画

（1）在"项目"面板的空白处双击，导入鸟巢文件，如图7-219所示，并将其拖入"时间轴"面板中，如图7-220所示。

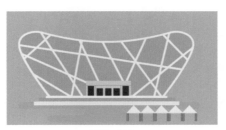

图7-219

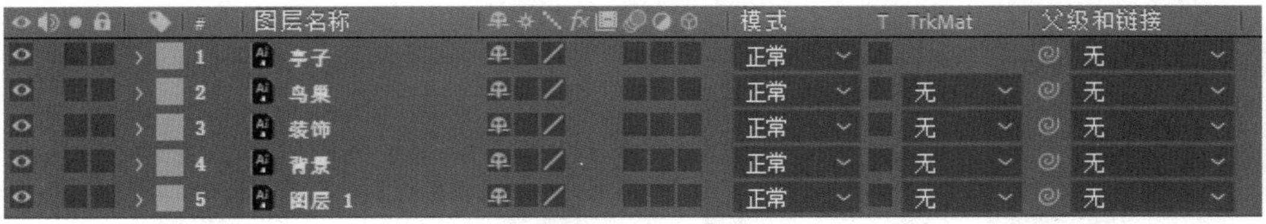

图7-220

（2）打开"Motion 2"面板，将中心点移动至鸟巢底部，如图7-221所示。将时间指示器移动至起始帧处，按S键显示"鸟巢""亭子""装饰"图层的"缩放"属性，将"缩放"属性的约束比例功能关闭，将"缩放"的 y 轴数值更改为0%，如图7-222所示，效果如图7-223所示。

图7-221

193

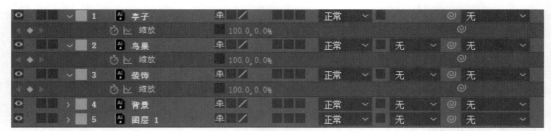

图7-222

图7-223

（3）将时间指示器移动至第6帧的位置，将"缩放"的y轴数值更改为100%，如图7-224所示，效果如图7-225所示。

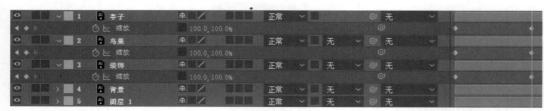

图7-224

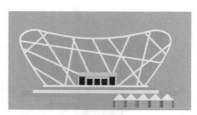

图7-225

（4）打开"Motion 2"面板，选中第6帧的两个关键帧，为它们添加"回弹"效果，选中"鸟巢"图层，在"效果控件"面板中将"Stretch"（弹力）更改为20，如图7-226所示。

（5）使用同样的方法将"亭子"图层的"Stretch"更改为15，如图7-227所示。

图7-226

图7-227

4．制作天坛场景动画

（1）在"项目"面板的空白处双击，导入天坛文件，如图7-228所示，并将其拖入"时间轴"面板中，如图7-229所示。

MG动画设计案例教程（全彩微课版）

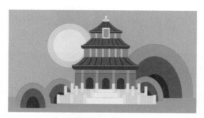

图7-228

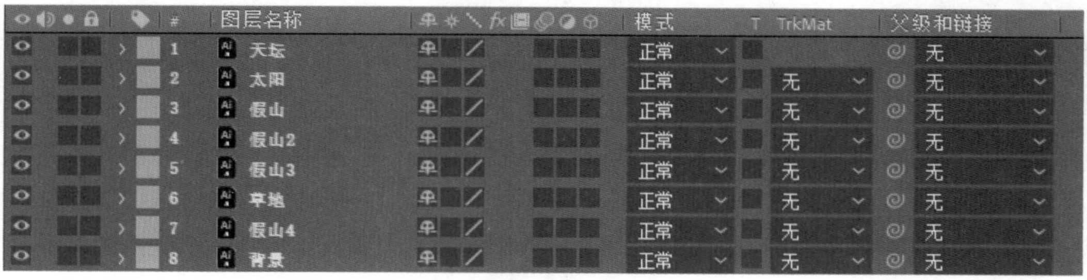

#
图层名称
模式
T TrkMat
父级和链接
1 天坛 正常 无
2 太阳 正常 无 无
3 假山 正常 无 无
4 假山2 正常 无 无
5 假山3 正常 无 无
6 草地 正常 无 无
7 假山4 正常 无 无
8 背景 正常 无 无

图7-229

（2）打开“Motion 2”面板，将中心点移动至底部，如图7-230所示。选中“天坛”和所有以“假山”开头的图层，按S键显示“缩放”属性，关闭该属性的约束比例功能，将时间指示器移动至起始帧处，将“缩放”的*y*轴数值更改为0%，如图7-231所示。

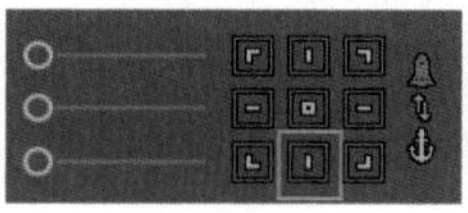

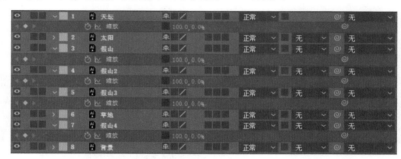

图7-230

1 天坛 正常 无
缩放 100.0, 0.0%
2 太阳 正常 无 无
3 假山 正常 无 无
缩放 100.0, 0.0%
4 假山2 正常 无 无
缩放 100.0, 0.0%
5 假山3 正常 无 无
缩放 100.0, 0.0%
6 草地 正常 无 无
7 假山4 正常 无 无
缩放 100.0, 0.0%
8 背景 正常 无 无

图7-231

（3）将时间指示器移动至第4帧的位置，将所有以“假山”开头的图层的“缩放”属性的*y*轴数值更改为100%，如图7-232所示，效果如图7-233所示。

3 假山 正常 无 无
缩放 100.0, 100.0%
4 假山2 正常 无 无
缩放 100.0, 100.0%
5 假山3 正常 无 无
缩放 100.0, 100.0%
6 草地 正常 无 无
7 假山4 正常 无 无
缩放 100.0, 100.0%
8 背景 正常 无 无

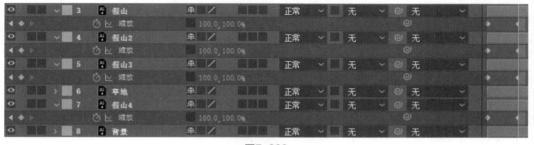

图7-232

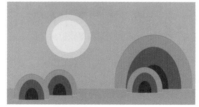

图7-233

（4）将时间指示器移动至第6帧的位置，将"天坛"图层的"缩放"属性的y轴数值更改为100%，如图7-234所示，效果如图7-235所示。

图7-234

图7-235

（5）按P键显示"太阳"图层的"位置"属性，将时间指示器移动至起始帧处，将"太阳"移出画面创建关键帧，如图7-236所示，效果如图7-237所示。

图7-236

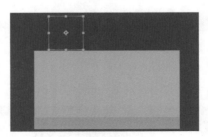

图7-237

（6）将时间指示器移动至第9帧的位置，更改"位置"属性的值，制作太阳下落的效果，天坛动画制作完毕，效果如图7-238所示。

图7-238

5. 制作东方明珠场景动画

（1）在"项目"面板的空白处双击，导入东方明珠文件，如图7-239所示，并将其拖入"时间轴"面板中，如图7-240所示。

图7-239

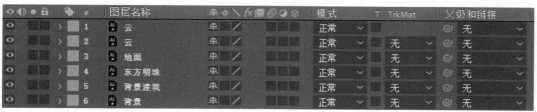

图7-240

（2）打开"Motion 2"面板，将中心点移动至底部，如图7-241所示。选中"五层"图层，按组合键S显示"缩放"属性，关闭该图层的约束比例功能，在起始帧处将"缩放"属性的*y*轴数值更改为0%，如图7-242所示，效果如图7-243所示。

图7-241

图7-242

图7-243

（3）将时间指示器移动至第7帧的位置，将"缩放"属性的*y*轴数值更改为100%，如图7-244所示，效果如图7-245所示。

图7-244

图7-245

（4）将时间指示器移动至起始帧的位置，将"背景建筑"的约束比例功能关闭，将"缩放"属性的 y 轴数值更改为0%，如图7-246所示，效果如图7-247所示。

图7-246

图7-247

（5）将时间指示器移动至第9帧的位置，将"背景建筑"的"缩放"属性的 y 轴数值更改为100%，如图7-248所示，效果如图7-249所示。

图7-248

图7-249

（6）将时间指示器移动至起始帧的位置，选中"云1"图层和"云2"图层，按P键显示"位置"属性，创建关键帧，如图7-250所示。

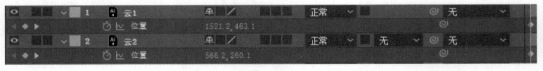

图7-250

（7）将时间指示器移动至第18帧的位置，修改"云1"图层"位置"属性中 x 轴的数值，如图7-251所示，效果如图7-252所示。

图7-251

图7-252

（8）将时间指示器移动至2秒06帧位置，修改"云2"图层"位置"属性 x 轴的数值，完成东方明珠场景动画的制作，如图7-253所示，效果如图7-254所示。

图7-253

图7-254

6. 制作飞机安全窗场景动画

（1）在"项目"面板的空白处双击，导入安全窗场景文件，如图7-255所示，并将其拖入"时间轴"面板中，如图7-256所示。

图7-255

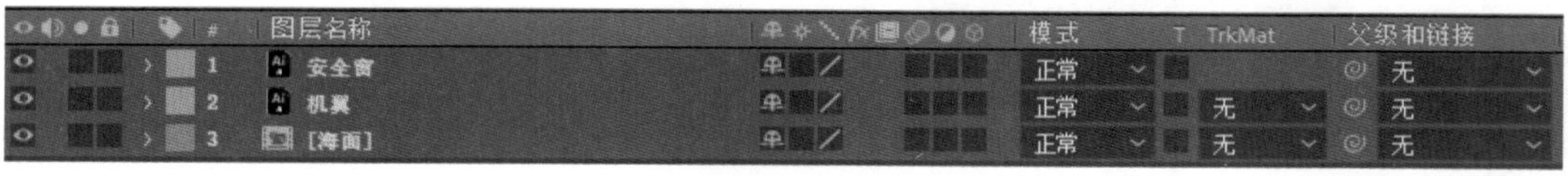

图7-256

（2）分别为"安全窗""[海面]"图层和"机翼"图层建立父子关系，如图7-257所示。

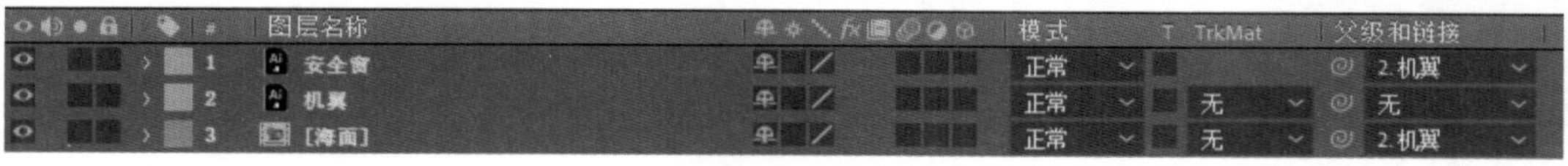

图7-257

（3）将时间指示器移动至第14帧的位置，选中"机翼"图层，按P键显示"位置"属性，创建关键帧，如图7-258所示。

图7-258

（4）将时间指示器移动至第48帧的位置，不需要修改任何数值，单击"在当前位置添加关键帧"按钮，添加关键帧，如图7-259所示。

图7-259

（5）执行"窗口>摇摆器"命令，如图7-260所示，打开"摇摆器"面板。现在摇摆器处于未开启状态，"应用"按钮呈灰色，如图7-261所示。

图7-260　　　　　　　　　　　图7-261

（6）选中"位置"属性创建的两个关键帧，如图7-262所示。此时摇摆器开启，将"频率"修改为"20.0每秒"，"数量级"修改为10，单击"应用"按钮，如图7-263所示，效果如图7-264所示。

图7-262

图7-263　　　　　　　　　　　图7-264

 提示　摇摆器的工作原理是根据频率和数量级的值随机制作动画。

（7）选中"安全窗"图层和"海面"图层，按S键显示"缩放"属性，将"缩放"值增大，使震动时画面抖动且不穿帮即可，如图7-265所示。

图7-265

（8）播放动画，其效果为飞机在降落时遇到气流而震动，如图7-266所示。

图7-266

MG动画设计案例教程（全彩微课版）

7. 制作飞机飞过海岸场景动画

（1）在"项目"面板的空白处双击，导入飞机飞过海岸场景文件，如图7-267所示，并将其拖入"时间轴"面板中，如图7-268所示。

图7-267　　　　　　　　　　　　　　　　图7-268

（2）将时间指示器移动至起始帧处，选中"飞机"图层，按P键显示"位置"属性，将飞机向左下角移出画面，创建关键帧，如图7-269所示，效果如图7-270所示。

图7-269

图7-270

（3）将时间指示器移动至第101帧的位置，修改"位置"属性的值，使飞机从左下角移动至右上角再移出画面，如图7-271所示，效果如图7-272所示。

图7-271

图7-272

（4）复制"飞机"图层，并将其重命名为"飞机2"，将此图层与"飞机"图层建立父子关系，如图7-273所示。按S键打开"缩放"属性，执行"效果＞生成＞填充"命令，如图7-274所示，将"颜色"修改为黑色，如图7-275所示，效果如图7-276所示。

图7-273

图7-274

图7-275

图7-276

（5）执行"效果 > 过时 > 高斯模糊（旧版）"命令，如图7-277所示，在"效果控件"面板中将"模糊度"修改为68，如图7-278所示，效果如图7-279所示。

图7-277

图7-278

图7-279

（6）选中"海水05"图层，将时间指示器移动至起始帧处，按P键显示"位置"属性，再按T键显示"不透明度"属性，创建关键帧，如图7-280所示，效果如图7-281所示。

图7-280

图7-281

（7）将时间指示器移动至第35帧的位置，修改"位置"属性和"不透明度"属性的值，如图7-282所示，效果如图7-283所示。

图7-282

图7-283

（8）将时间指示器移动至第44帧的位置，在当前位置为"位置"属性和"不透明度"属性的添加关键帧，如图7-284所示，效果如图7-285所示。

图7-284

图7-285

（9）将时间指示器移动至第72帧的位置，修改"位置"属性和"不透明度"属性的值，如图7-286所示，效果如图7-287所示。

图7-286

图7-287

（10）将时间指示器移动至第100帧的位置，修改"位置"属性和"不透明度"属性的值，如图7-288所示，效果如图7-289所示。

图7-288

图7-289

（11）选中"飞机2"图层，按组合键T显示"不透明度"属性，将时间指示器移动至第70帧的位置，创建关键帧，如图7-290所示，效果如图7-291所示。

图7-290

图7-291

（12）将时间指示器移动至第101帧的位置，将"不透明度"降低，如图7-292所示，飞机飞过海岸场景动画制作完毕，效果如图7-293所示。

图7-292

图7-293

 由于海面会产生镜面效应，所以飞机的阴影会比较清晰；飞机飞过海面后，地面的反射能力较弱，飞机的阴影自然会变得模糊不清。

8. 制作气垫床场景动画

（1）在"项目"面板的空白处双击，导入气垫床文件，如图7-294所示，并将其拖入"时间轴"面板中，如图7-295所示。

图7-294

图7-295

（2）为"人物"图层与"气垫床"图层建立父子关系，如图7-296所示。

图7-296

（3）选中"气垫床"图层，将时间指示器移动至起始帧处，按P键显示"位置"属性，创建关键帧；再按R键显示"旋转"属性，创建关键帧，如图7-297所示。

图7-297

（4）将时间指示器移动至第75帧的位置，调整"位置"和"旋转"属性的值，如图7-298所示。

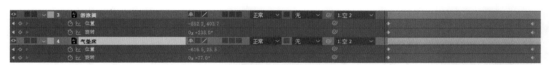

图7-298

（5）使用同样的方法制作"游泳圈"图层的动画，具体参数和效果分别如图7-299和图7-300所示。

图7-299

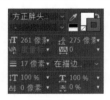

图7-300

（6）使用"横排文字工具"输入文字"悠然假期"，将文字的描边开启，具体参数和对应的效果分别如图7-301和图7-302所示。

图7-301 图7-302

（7）使用"椭圆工具"绘制遮罩，如图7-303所示。

（8）展开文字图层的属性，找到"路径选项 > 路径 > 蒙版1"，将"反转路径"开启，调整"末字边距"为1483，如图7-304所示，效果如图7-305所示。

图7-303

图7-304

图7-305

（9）为文字图层添加"动画预设"中的"缓慢淡化打开"效果，如图7-306所示，效果如图7-307所示。

图7-306

图7-307

（10）将文字图层移动至"气垫床"图层的下层，如图7-308所示，效果如图7-309所示。

图7-308

图7-309

（11）使用"矩形工具"绘制一条直线，为直线添加"效果＞扭曲＞波形变形"效果，具体参数和对应的效果分别如图7-310和图7-311所示。

图7-310

图7-311

（12）复制5条波浪线，它们的摆放位置如图7-312所示。

（13）选中6条波浪线，新建预合成并命名为"[波浪]"，如图7-313所示。

图7-312

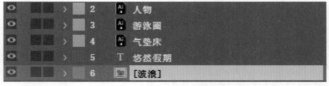

图7-313

（14）创建一个空图层，如图7-314和图7-315所示。

图7-314　　　　　　　　　　　　　　　　　　图7-315

（15）按P键显示"位置"属性，将时间指示器移动至起始帧处，创建关键帧；再将时间指示器移动至第125帧的位置，单击"在当前位置添加关键帧"按钮，如图7-316所示。

图7-316

（16）选中两个关键帧，为它们添加摇摆器，设置"频率"为"1.0每秒"，"数量级"为8，单击"应用"按钮，如图7-317和图7-318所示。

图7-317　　　　　　　　　　　　　　图7-318

（17）为"游泳圈""气垫床""悠然假期"图层与"空2"图层建立父子关系，如图7-319所示。

图7-319

 提示　添加摇摆器是为了模拟气垫床在海面上摇荡的效果。

7.2.3　渲染导出动画

（1）新建合成并命名为"渲染"，将所有动画文件和"遮罩素材1""遮罩素材2"文件导入"时间轴"面板中，如图7-320所示。

图7-320

（2）根据想要的效果将动画的多余部分剪掉，按播放顺序将它们串接在一起，如图7-321所示。

图7-321

（3）添加音乐，根据视频的长度调整音乐的时间，如图7-322所示。

音乐图层

图7-322

（4）执行"合成>添加到渲染队列"命令，如图7-323所示，设置好相关选项后单击"渲染"按钮，如图7-324所示。

图7-323

图7-324

 提示　渲染设置在之前的章节中已经介绍过，这里不再赘述。

7.3　根据鼓点添加MG特效

> 资源位置

素材
文件　素材文件>CH07>根据鼓点添加MG特效

实例
文件　实例文件>CH07>根据鼓点添加MG特效.aep

微课
视频

　　在制作音乐类视频时，为了加强画面的震撼效果，经常会为其添加MG特效。本案例讲解如何根据鼓点将MG特效添加进画面中，完成后的效果如图7-325所示。

图7-325

7.3.1　整理素材

　　（1）启动After Effects 2021，在"项目"面板的空白处双击，导入拍摄的视频素材，检查其完整性，如图7-326所示。

　　（2）由于拍摄视频时摄像机是运动的，因此需要跟踪摄像机，方便定点。选中视频图层，然后单击鼠标右键，在弹出的快捷菜单中执行"跟踪和稳定＞跟踪摄像机"命令，让系统自动分析视频，如图7-327至图7-329所示。

图7-326

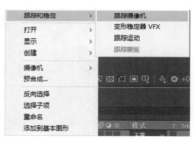

图7-327

图7-328

图7-329

　　（3）分析完毕，视频画面出现很多光点，尽量选择在同一个平面上的绿色光点，这样视频画面会更稳定，如图7-330所示。

图7-330

（4）单击鼠标右键，在弹出的快捷菜单中执行"创建实底和摄像机"命令，如图7-331所示，此时画面中会产生一个平面，如图7-332所示。

图7-331

图7-332

（5）创建完毕，"时间轴"面板中会产生"跟踪实底1""3D跟踪器摄像机"图层，如图7-333所示。

图7-333

（6）导入特效素材，如图7-334所示。

图7-334

7.3.2 添加特效及转场动画

（1）将"素材4"图层拖入"时间轴"面板中，开启其3D开关，如图7-335所示。将"跟踪实底1"图层的"位置"属性复制给"素材4"图层的"位置"属性，再修改"位置"和"缩放"属性的值，将"素材4"图层移动至鼓的位置，效果如图7-336所示。

图7-335

图7-336

（2）将"素材4"图层复制一层，在"时间轴"面板右侧将其向右拖动，如图7-337所示，效果如图7-338所示。

图7-337 图7-338

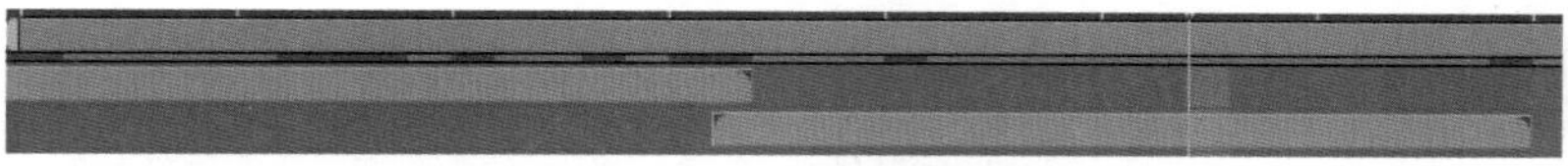

（3）将"素材15"拖入"时间轴"面板中，放在"素材4"图层的下层，用与步骤（1）、步骤（2）相同的操作方法将该素材移动至鼓面上，如图7-339所示，效果如图7-340所示。

图7-339

图7-340

（4）按照鼓点的速度和鼓点的位置，再复制4个"素材15"图层，如图7-341所示，在"时间轴"面板右侧调整它们的位置，如图7-342所示。

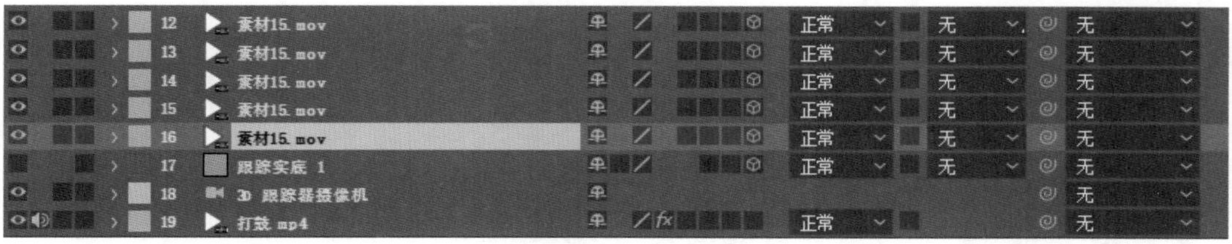

图7-341

图7-342

（5）将"素材17"拖入"时间轴"面板中，放在"素材4"图层的下层，如图7-343所示，用与步骤（1）、步骤（2）相同的操作方法将该素材移动至左镲片的位置，效果如图7-344所示。

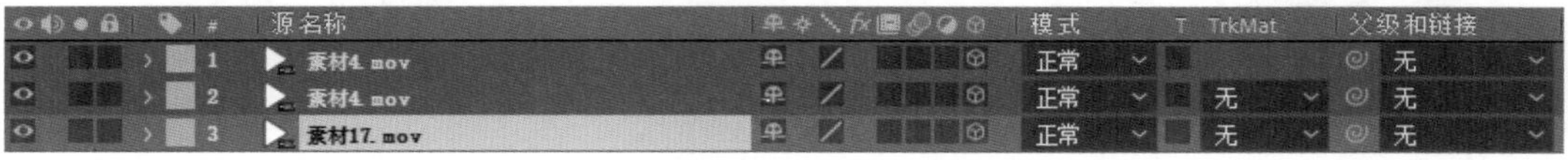

图7-343

图7-344

（6）将"素材17"图层复制两层，如图7-345所示，根据鼓点的位置在"时间轴"面板右侧调整素材的位置，如图7-346所示。

图7-345

图7-346

（7）将"素材16"拖入"时间轴"面板中，放在"素材17"图层的下层，如图7-347所示。

源名称	模式	T TrkMat	父级和链接
1 素材4.mov	正常		无
2 素材4.mov	正常	无	无
3 素材17.mov	正常	无	无
4 素材17.mov	正常	无	无
5 素材17.mov	正常	无	无
6 素材16.mov	正常	无	无

图7-347

（8）用与步骤（1）、步骤（2）相同的操作方法调整素材的大小，并摆放在合适的位置，如图7-348所示。

（9）将"素材13"拖入"时间轴"面板中，用与步骤（1）、步骤（2）相同的操作方法调整素材的大小，并摆放在合适的位置，如图7-349至图7-351所示。

图7-348

图7-349

源名称	模式	T TrkMat	父级和链接
1 素材4.mov	正常		无
2 素材4.mov	正常	无	无
3 素材17.mov	正常	无	无
4 素材17.mov	正常	无	无
5 素材17.mov	正常	无	无
6 素材16.mov	正常	无	无
7 素材13.mov	正常	无	无
锚点			960.0,540.0,0.0

图7-350

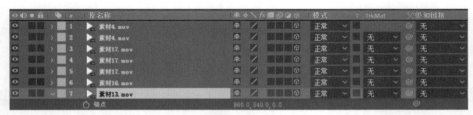

图7-351

（10）将"素材12"拖入"时间轴"面板中，用与步骤（1）、步骤（2）相同的操作方法调整素材的大小，并摆放在合适的位置，如图7-352至图7-354所示。

图7-352

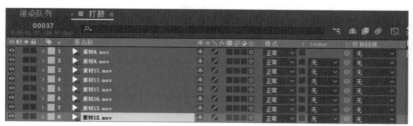

图7-353

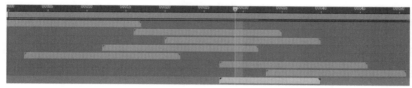

图7-354

（11）将"素材14"拖入"时间轴"面板中，用与步骤（1）、步骤（2）相同的操作方法调整素材的大小，并摆放在合适的位置，如图7-355至图7-357所示。

图7-355

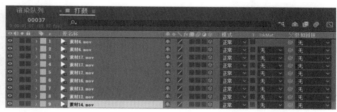

图7-356

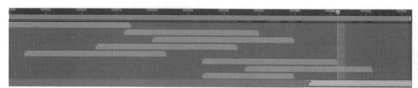

图7-357

（12）将"素材11""素材9"拖入"时间轴"面板中，用与步骤（1）、步骤（2）相同的操作方法调整素材的大小，并摆放在合适的位置，如图7-358至图7-360所示。

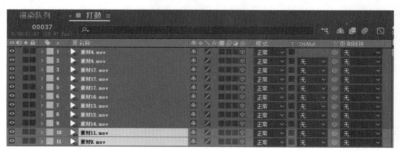

图7-358

213

图7-359

图7-360

（13）播放动画，最终效果如图7-361所示。

图7-361

7.3.3　渲染导出动画

（1）执行"合成>添加到渲染队列"命令，如图7-362所示。

（2）在"输出模块设置"对话框中选择"QuickTime"格式，单击"确定"按钮，如图7-363所示。

图7-362

图7-363

（3）设置好相关选项后在渲染队列中单击"渲染"按钮，如图7-364所示。

图7-364

MG动画设计案例教程（全彩微课版）